# 생성의 철학과 건축이론

글 임기택

주요 철학자 소개

## PART I 생성의 철학의 주요관점



## PART II 생성의 철학담론과 건축적 적용방식

PART Ⅲ **시사점과 건축적용가능성**

필자는 포스트모던 및 해체주의가 유행하는 시기에 건축을 배우기 시작했다. 이후 밀레니엄 시기를 전후하여 개인용 컴퓨터와 3D툴의 비약적인 발전과 함께 방법론에 있어서 혁명적인 디지털화를 경험하게 되었다. 이른바 아날로그와 디지털의 감성을 동시에 지니고 있는 세대로서 필자는 정신계의 영향에 있어서는 데리다 혹은 들뢰즈의 사유로부터 많은 영향을 받았다. 들뢰즈의 사유가 담론화되고 리좀, 노마디즘, 주름의 키워드들이 유행하고 이와 관련된 유동적이고 복합적인 디자인과 담론이 활발히 논의되었다. 때 맞추어 개인용 컴퓨터 성능의 비약적인 발전과 몇몇 종류의 컴퓨터 디자인 툴이 건축학교에서 범용으로 사용되고 교육되면서 유동적, 비정형, 생물학적 이미지의 디자인이 홍수를 이루었다. 한 때 유행하는 패션처럼 혹은 열병처럼 건축계에서 이러한 키워드들을 사용하지 않고 건축을 하면 뒤처지거나 둔감한 것으로 치부되는 시기도 있었다. 또한 유목적 사유라는 측면에서 기존 질서에 대항하여 대안적인 탈주의 흐름을 만들어내는 디자인이라는 생각으로 자유를 갈망하거나 새로움을 추구하는 디자이너들이 즐겨 사용하며 자신의 이미지를 포장하는 것에 앞장서기도 했다. 어느덧 이러한 종류의 디자인은 건축인들과 건축주들에게 빠른 속도로 식상한 흐름이 되었다. 그러한 디자인 경향은 자본사회에서 흔히 경험하게 되는 이미지적인 소비와 궤를 같이 하게 된 것이다.

공간과 관련하여 들뢰즈의 사유에서 우리는 홈패인 것이 수목적이고 위계적이고 억압적인 것이며 매끄러운 것이 리좀적이고 탈주적인 것의 대립항으로 이해하기 쉽다. 들뢰즈 사유에서 가장 오해하고 있는 것을 들면 그의 매끄러운 것에 대한 사유가 단순히 탈주적이고 아나키즘적인 탈주의 철학 내지는 자본의 공고함을 벗어나 탈주하는 것을 이상적인 대안의 철학이라고 철저하게 신봉하는 것이다. 물론 그러한 좌파적인 성향이 상당 부분 존재하지만 그가 말하고자 했던 것은 후기자본사회의 거대한 흐름을 이해하고 담을 수 있는 틀, 즉 홈패인 것과 매끄러운 것의 상호이행을 통해 만들어지는 운동과 변화, 탈주 그리고 재구조화였다. 그것은 당파적으로 보면 어느 쪽에서도 가져다 쓸 수 있는 범용의 총체적 세계관이었을 뿐이다. 다만 그의 어휘와 자신의 세계관을 설명하는 키워드들이 변화와 움직임을 중심으로 하고 있기 때문에 역동적으로 변화하는 것을 표현하고자 했던 시각, 조형 예술분야에 좀 더 친밀성이 있었을 뿐이다. 그의 사유는 아방가르드적으로 기존 질서의 작품체계를 파괴하고 다른 스타일을 찾는 사람들에게 안성맞춤인 정신계의 샘물이자 세례를 위한 성수였다.

다른 한편, 자본집적을 더욱 갈망하는 세력에게 들뢰즈의 사유는 오히려 재구조화를 통한 힘과 구조의 무한 확장을 의미했다. 신자유주의 체계를 받아들이는 입장에서 들뢰즈의 사유는 변이와 성취를 통해 자본의 집적만을 성취하고자 하는 멈출 수 없는 욕망이며 추상기계로 존재할 뿐이었다. 그의 사유는 이른바 '브레이크 없는 자본집적의 욕망'을 상징하는 사유로 볼 수도 있다. 2009년 미국의 서브프라임 모기지 사건은 시장의 욕망에도 물리적 한계가 있으며 적절한 브레이크와 사회적 합의가 있어야함을 인류에게 일깨우는 계기가 되었다. 7권의 사유를 통해 물리적 분야인 건축분야에서 나타났던 그리고 여전히 진행 중인 들뢰즈의 사유의 영향에 대해 사유하고 좀 더 바람직하고 진지한 사유를 추구할 수 있는 계기가 되는데 조그마한 도움이 되었으면 하는 바람을 가져본다.

2015년 12월

부산 대연 연구실에서

임기택

# 주요 철학자 소개

**질 들뢰즈**Gilles Deleuze, 1925-1995

프랑스 철학자. 파리 8대학 교수. 7권 주제의 중심적인 담론을 형성한 철학자이다. 1960년대 이후 계속해서 철학, 문학, 영화, 예술 분야에 지대한 영향력을 끼친 저작들을 선보였다. 초기의 주요저작은 정신과 의사이자 프랑스 공산당원이었던 펠릭스 가타리Félix Guattari와 함께 쓴『자본주의와 정신분열: 앙티-오이디푸스』와『천 개의 고원』이다. 이 저서는 사회주의에 기초하고 프로이트, 라캉 등의 사상을 받아들여 정신의학의 틀 내에서 마르크스주의를 연구했다.

1968년에는 주요 저서『차이와 반복』, 1969년에는『의미의 논리』를 집필했다. 미셸 푸코는 "아마도 어느 날, 이 세기는 들뢰즈의 시대라고 불릴 것이다"라고 선언하기도 했다. 1995년 급작스런 투신자살로 지성계를 충격에 빠뜨렸다. 스피노자, 니체 등 서구의 전통 철학에서 이탈해 있는 사상가들의 사유를 받아들여 자신의 시각으로 재해석했다. 정통이 아닌 이단, 다수가 아닌 소수, 동일자가 아닌 타자의 철학을 전개했다.

고정불변의 영원한 것을 사유했던 전통적인 관념론과는 달리 변화와 생성, 운동에 대해서 사유했던 '생生 철학'의 계보의 흐름을 폭넓게 수용하여 다원적 세계, 후기 자본주의 사회, 차이와 생성의 철학적 사유의 대표주자가 되었다. '생성'을 주제로 하고 있기 때문에 조형, 영화 및 예술분야에 많은 영향을 주었으며 건축분야의 파라미터 건축 및 노마디즘적인 표현의 정신적 근원이 되며 활발하게 담론화 되고 있다.

1. 질 들뢰즈 초상

**니체**Nietzsche, Friedrich Wilhelm, 1844–1900

독일의 철학자. '생生 철학'의 대표철학자. 실존주의의 선구자, 파시즘의 사상적 선구자. 본 대학을 거쳐 스위스의 바젤 대학 교수직(1869~1879)을 그만두면서부터 고독한 생활을 하다가 정신이상으로 정신병원에서 생애를 마쳤다.

기존 서구사상의 모든 지적 관념론의 전통을 뒤흔들었으며 비이성적 광기의 파토스를 주제로 구조 이외의 욕동에 관심을 가지고 사유하여 생의 철학을 발전시켰다. 그는 종래의 합리적 철학, 기독교 윤리 등 부르주아 자유주의의 이데올로기를 모두 부정하고 철저한 니힐리즘nihilism을 주장하여 생生의 영겁회귀永劫回歸 속에서의 모든 생의 무가치를 주장했다. 기독교의 덕목을 약자의 윤리라고 공격하고 강한자(초인)의 여유를 가진 덕목을 강조하며 권력(힘)의 의지를 중시했다.

선악의 피안에 서서 '약자의 도덕'을 초월하는 '강자의 도덕'을 중시하며 '초인'超人에 의해서 현실의 생을 긍정하고 살아야 함을 주장했다. 들뢰즈의 사유의 근본적인 출발점이 되는 '생의 철학'의 시조가 되었으며 근대 이성의 관념을 해체하는데 많은 영향을 주었다. 니체의 사상은 생물진화론의 생존투쟁의 사고가 존재하고 있음과 동시에, 자본주의가 제국주의 단계로 진행해 가는 19세기 말의 사회 상태를 반영하고 있다. 노동자 계급의 격렬해져 가는 공세 앞에서 자본주의를 수호하기 위해 종래의 자유주의적 부르주아 이데올로기를 대신하여 파시즘의 이데올로기를 제창하였으며, 사회주의를 '노예도덕'으로 간주하고 지배계급의 독재지배를 '군주도덕'으로 숭상하며 '권력에의 의지'를 강조하는 입장에 선 철학자였다.
생의 철학은 운동과 변화 정념과 힘(욕동)을 중심으로 사유하는 경향을 보이는 철학자들에게 많은 영감을 주었다.

2. 니체 초상

**라이프니츠**Gottfried Wilhelm von Leibniz, 1646–1716

라이프치히 출생. 외교관·정치가·기사技師 등의 정치생활과 함께 형이상학을 연구하였다. 1670년 마인츠후국의 법률고문이 되었다. 런던과 파리의 뛰어난 수학자·물리학자들과도 접촉하여 많은 논문을 쓰고 우수한 계산기를 발명했다(1674). 1676년 하노버 방문 도중 스피노자와 회견했다. 수학에서는 미적분법을 창시(1684–1686)한 것으로 유명하다. 철학에서는 데카르트, 스피노자의 철학을 극복하고 유고『단자론單子論』(1720)을 집필했다. 라이프니츠의 사유를 대표하는 것은 '모나드monad' 라는 개념이며 대표적 문장중 하나는 '모나드에는 창이 없다' 이다. 이것은 복합적인 것은 단순한 실체의 집합에 불과하다는 것을 의미한다. 모나드 속에는 주름이 겹쳐져 있다. 어떠한 실체가 발전해 나가는 것, 펼쳐지는 것은 이렇게 모나드 속에 주름이 겹겹이 겹쳐져 있는 것이 펼쳐지는 과정이고 복잡하고 발달된 것일수록 이러한 주름이 더욱 복잡하게 겹쳐져 있다고 생각했다. 관계, 생성, 발생, 과정, 차이 변이 잠재성, 주름에 대한 라이프니츠의 사유는 고정되지 않고 끊임없이 변화하면서 생성되는 생물체의 배아와 성장단계를 설명하는데 있어서 적합한 이론으로 인정받았다.

**스피노자**Baruch de Spinoza, 1632–1677

네덜란드의 철학자. 암스테르담 출생. 포르투갈계 유대상인의 아들로 출생. 성전과 조상의 학문을 대담하게 비판한 후 유대인으로부터 파문선고를 받았다. 데카르트 철학에서 결정적 영향을 받아 이성중심의 사유와는 대립적인 특성의 사유를 정립했다.

'모든 것이 신이다'라고 하는 '범신론汎神論'의 사상을 주장

3. 라이프니츠 초상
4. 스피노자 초상

하면서도 역설적으로 유물론자이자 무신론자였으며 둘의 통합적인 사고를 주장했다.

1673년 하이델베르크대학에서 철학 정교수로 초청하였으나, 사상의 자유와 『에티카(윤리학)』의 완성을 위해 이를 거절했다. 자연에 있어 만물은 신의 형태를 빌린 것이고, 자연을 초월한 곳에 신이 존재하지 않는다. 이 세상의 개물個物은 신의 내적 필연에 의해 존재하는 것으로 보고 데카르트의 이원론을 극복하기 위해 물질과 정신을 통일시키려고 했다. 단순한 범신론을 넘어서 정신과 물질로 표현되는 사유의 연장선상에서 다양한 형태로 항상 변화하면서 새롭게 분기되어 나타난다고 주장했다. 인간은 기본적으로 정신과 육체로 나누어지며 이것은 서로 통합되어 있다고 보고 인간은 이 두 가지를 합일하려는 코나투스conatus의 상태에 있다고 보며 '지속되는 힘'으로 설명했다. 정신과 육체의 상태에 따라서 힘은 변화할 수 있으며 더 나아가 '직관지'直觀知의 높은 단계의 지식을 참 지식이라고 생각했는데, 세계를 정신과 물질이 결합된 코나투스이며 힘이라고 생각한 것은 그의 사유가 주체론 보다는 무언가가 벌어지는 사건과 효과, 생성 등에 중점을 두고 힘의 변화과정을 사유하게 만든 결정적인 계기가 되었다. 『에티카』는 신과 정신, 정서, 지성, 자유 등의 다섯 가지 주제를 다루며 정신과 물질이 어떻게 융합되면서 양태가 변화하여 나가는지에 대해서 사유한다. 스피노자의 입장에서 실체의 본질은 속성이고 실체의 변화는 양태modus이다. 영혼(정신)과 신체(물체) 현상이 개별적으로 나타나는 것이 양태이다. 욕망이란 정신이 신체와 결합하여 주어진 정서에 따라 인간의 본질이 어떤 것을 행할 수 있도록 결정된다고 파악되는 한에서 인간의 본질 자체라고 주장한다. 스피노자의 사유가 들뢰즈에게 주목받은 이유는 그의 사유가 근대적 주체를 중심으로 전개된 것이 아니라 정신과 물질이 통합된 가운데 정신과 물질이 변화되는 양태에 관심을 집중하였기 때문이다.

**흄**Hume, David, 1859–1941

영국의 철학자. 회의懷疑의 극단을 추구했던 경험론자. 경제학, 역사분야도 저술했다. 로크의 철학으로부터 영향을 받아, 경험론에 입각한 불가지론적 사유를 발전시켰으며 회의를 통해 근대철학을 극한까지 추구하여 해체하기 이르렀다. 정신이 만들어 낼 수 있는 것은 감각기관의 테두리 안에서만 가능하다고 생각했다. 그에 의하면 모든 인간에게 존재하는 것은 직접적인 감각적 경험인 '인상'印象의 흐름이며, 이것이 어떻게 일어나는지는 우리가 알 수 없다고 한다. 자아라는 것도 이러한 '인상의 묶음'을 말할 뿐이다. 또한 우리가 알고 있는 한도 내에서 조합할 수 있는 정도의 수준에 불과하다고 주장한다. 그에게 정신이란 감각기관의 '경험'을 통해 생성된 것에 불과하다. 차이를 인식하는 주체와 끊임없는 변화에 대해서 사유하고 있다. 다시 말해 인과관계란 시, 공간상에서 얽혀 있는 두 인상(현상)의 관계로 나타나는 습관적인 판단이라고 주장한다. 여러 가지 현상을 경험하다보니 앞으로도 그렇게 될 것이라는 인식이 생기게 된다는 것이다. 그의 도덕설은 유용성이 그 기준을 이룬다는 공리주의功利主義의 입장에 있으며 종교를 역사적 경험에 호소하여 이해하였다. 이러한 불가지론의 철학은 실증주의적 관점으로 발전했다.

**앙리 베르그송**Henri Bergson, 1859–1941

프랑스의 철학자. 현대 프랑스 철학의 아버지로 인정됨. 고등사범학교에 입학 후 철학이론의 기본이 된 『의식에 직접 주어진 것들에 관한 시론』으로 박사학위를 받고 『물질과 기억』을 출판했다. 이후 고등교육기관 콜레주 드 프랑스의 교수가 되었다. 『창조적 진화』를 출판하며 1927년 노벨문학상을 받았다. 철학자로서의 활발

5. 흄 초상
6. 앙리 베르그송 초상

한 활동을 했으며 그는 1932년 도덕과 종교의 기원을 통해 인간본성을 고찰하고 인류의 미래를 성찰한『도덕과 종교의 두 원천』을 출판했다. 1941년 폐렴으로 사망한다. 그는 프랑스 유심론唯心論의 전통을 계승하면서도, C.R.다윈.H.스펜서 등의 진화론의 영향을 받아 생명의 창조적 진화를 주장했다. 유심론의 전통을 계승하면서도, C.R.다윈.H.스펜서 등의 진화론의 영향을 받아 생명의 창조적 진화를 주장했으며, 진화는 동적動的이며 예측 불가능한 내적內的 충동력인 엘랑비탈, 즉 '생명의 약동'에 의하여 행해지는 창조적 진화이다. 직관은 대상의 내면內面에 깊이 파고들어 절대적인 지식을 우리에게 준다. 변화하는 무언가의 연속성을 회복하기 위해 시간속의 변화를 사유하면서 '지속'의 개념을 만들었다. 이전의 상태가 다른 것 속으로 침투하고, 녹아들거나 용해되면서 물질적 세계가 하나의 단일적인 흐름, 연속, '~되기'로 용해된다고 이야기 한다. '운동'과 '변화'를 중시하는 들뢰즈의 사유는 연속적인 질적 변화인 '지속'의 개념을 기억 이론 중심으로 변화시킨 베르그송의 사유로부터 많은 영향을 받는다. 지속은 미래로 나아가면서 동시에 과거로 퇴행하는 동시성을 보여주고 있기 때문에 형이상학에 호소하게 된다.

**노자**老子, BC ?~ ?, 초나라 시대의 사상가

중국 고대의 사상가. 도가道家의 시조. 성은 이李, 이름은 이耳, 자는 담聃.초楚

나라에서 태어나 주周왕실의 신하로 알려져 있지만 전국시대 말기인 기원전 3세기 전반, 다른 사상가들(특히 유가儒家)에 대항하기 위해 가공된 인물이라는 설이 지배적이다. 도道를 설정하고 음양을 도입하여, 세계는 도道로부터 나오고 '도'에 의하여 생성·사멸의 운동을 한다고 하는 객관적 관념론을 전개했다. 공자의 인위적 정치사상과 대립하여 무위무욕無爲無欲으로 남에게 겸양하는 것을 중시했다.

노자철학은 관계의 철학이라고 말할 수 있다. 관계의 철학은 하나의 개념으

7. 노자 초상(상상의 그림)

로는 설명이 불가능하다. 그 이유는 끊임없는 운동과 변화를 만들어내기 때문이다. 이성을 부정하고 변화하는 경험의 영역을 긍정하는 것이다.
세계는 유와 무의 상호의존의 '관계'이다. 유는 무를 기다리고 또한 무는 유를 기다리며 서로에게 의존한다. 따라서 세계는 유와 무의 조합 및 상대적인 면으로 이루어져 있다. 그래서 세계는 상호 다른 힘의 대립면에 존재한다고 보았다. 서양철학의 존재론적 개념, 관념적 개념과는 달리 관계로 이루어져 있음을 알 수 있다. 마치 꼬여있는 새끼줄처럼 여러 가지의 요소들이 상보적으로 뒤섞이면서 서로를 기다린다. 그리고 서로 다른 요소들의 경계면이 형성된다. 그리고 순환한다. 들뢰즈가 노자의 사유에 영향을 직접적으로 받았는지에 대해서는 뚜렷이 확정할 수 없다. 그러나 그의 사유는 공자의 철학과 여러 가지로 대립하고 있는 관계중심의 사유인 노자의 사유와 여러 가지 면에서 유사한 면모를 보이고 있다.

# 일곱 번째 주제
# 생성의 철학과 노마디즘/리좀 건축표현양상(들뢰즈)

7권의 주제는 철학분야에서는 들뢰즈로 대표되는 '생성의 철학'을 살펴보고 건축분야에 있어서는 강력한 위세를 떨쳤고 지금도 여전히 그 자기장 안에 있다고 볼 수 있는 '노마디즘nomadism'/ '리좀Rhizome'적 건축표현 양상과 다이어그램을 형태 및 공간생성의 도구로 사용하며 새로운 건축방법론을 실험하는 건축가 계열을 살펴볼 것이다. 80년대 중반부터 90년대 초중반의 시기의 건축계에는 당시 정신계를 뜨겁게 달구었던 해체주의 사유와 관련된 해체주의 건축경향이 있었다. 이후 세기말적 사회현상과 함께 나타났던 디지털 패러다임의 변화가 시각과 관련된 디자인 분야의 디지털 툴을 획기적으로 발전시키며 새로운 흐름을 주도했다. 이로 인해 가능했던 디자인 경향인 노마디즘(유목주의), 리좀적 건축 표현양상이 철학분야와 어떤 관련을 맺고 있는지를 이해하면 현재 건축계에서 일어나고 있는 표현양상 및 흐름에 대해서 많은 부분을 이해할 수 있게 될 것이다. 또한 동시대의 건축디자인 경향과 디자인 트렌드에 대한 안목을 정립할 수 있을 것이며 향후 디자인 방향성에 대한 단서를 얻을 수 있을 것이다. 특히, 들뢰즈의 사유체계는 아직까지도 다양한 조형예술분야와 기타 시각예술분야에서 맹위를 떨치고 있다. 달리 이야기 하면, 그의 사유는 그만큼 후기자본시대의 시대적 특성과 세계관을 잘 이해하고 파악한 사유라고 말할 수 있으며 조형예술 분야에서 세계를 이해하고 적용가능한 부분이 많은 사유체계라고 이야기 할 수 있을 것이다.

한편, 들뢰즈의 사고체계에 영감을 받고 유행과 비슷하게 조형 활동을 하는 다른 예술분야와는 달리 건축분야에서 노마디즘 혹은 소위 리좀적이라고 표현되는 작품경향을 보이고 있는 건축들이 과연 실제로 그렇게 반자본적, 탈주의 선을 타며 움직이는 특성을 지니고 있는지에 대해서도 비판적이고 균형적인 시각을 가질 필요가 있다. 7권의 주제와 함께 사유함으로써 동시대에 벌어지고 있는 건축행위들이 어떠한 관점에서 어떠한 방향성을 가지고 구축되고 있는지 함께 사유하는 시간이 되기를 기대한다.
그에 따른 화두는 다음과 같다.

- 주체를 벗어난 사고와 건축적 주체와는 어떤 관계가 있는가?
- 다양체 및 복합체의 사유와 건축은 어떤 관련성을 맺고 있는가?
- 기관 없는 신체와 건축과의 관련성은 어떠한가?
- 기계론과 건축의 상관관계는 어떠한가?
- 생성의 철학이 조형관련 예술과 궁합이 잘 맞는 이유는 무엇인가?
- 매끄러운 공간과 표현의 한계는 무엇인가?
- 홈패인 것과 매끄러운 것과 건축적 공간 및 표현의 상관관계는 어떻게 되는가?
- 노마디즘 건축과 리좀적 건축은 정말 탈주적, 대안적, 저항적 공간인가?

등을 구체적으로 사유해보도록 할 것이다.

# 생성의 철학의

# PART 1

# 주요관점

# 들뢰즈 철학의 존재론과 사유방법

## 7001 들뢰즈 철학의 개요

들뢰즈는 1995년 갑작스럽게 세상을 떠났지만 현재까지도 여전히 철학분야는 물론 조형관련 분야 혹은 영화계 및 정신계에 많은 영향을 끼치고 있는 철학자이다. 푸코는 생전 21세기가 들뢰즈의 세기가 될 것이라고 예언할 정도로 높이 평가했고 그의 예언만큼이나 들뢰즈의 영향력은 여전히 강력하게 유지되고 있다. 현대철학의 흐름을 이해하기 위해서는 좋던 싫던 그의 사유체계를 섭렵하지 않을 수 없다. 기존 철학의 흐름을 바꾸기 위해서 지금까지의 철학자들은 기존 철학을 대상으로 혹은 기본으로 하여 연구에 착수하여 비판하고 새로운 결과물을 만들어왔다. 그런 만큼, 들뢰즈의 경우도 그의 철학의 흐름을 바꾸기 위해 비판받는 과정이 진행될 것이다. 여전히 동시대에도 그의 철학적 위세는 대단하기 때문이다. 철학의 역사는 항상 그런 방식으로 진화해왔다. 실제로 철학자 알랭 바디우는 같은 대학 교수로 있으면서 그와는 여러 가지 면에서 대립각을 세우는 사유를 제시했다. 그렇게 하면서 그의 연구에 대한 철저한 분석은 당연한 것이고 그의 철학의 부족한 부분과 사유되지 못한 빈자리를 치고 들어와 의문을 제기하여 인정받고 자신만의 시각으로 세계의 이해에 대해 이야기하는 것이다.

우선 들뢰즈 철학의 독특한 부분에 대해서 이야기하도록 하자.
전통철학에서 욕망은 인간의 빈 부분, 즉, 결핍된 상태로 정의되어 왔다. 욕망은 주관적이므로 객관적인 진리탐구에 방해되는 것으로 생각한 것이다. 따라서 근대 철학에서의 이성은 오히려 욕망을 억압하고 배제했던 측면이 있는 것이 사실이다. 1권에서부터 일관되게 살펴본 바와 같이, 대상화시켜 이성적으로 사유하는 과학적 태도는 많은 폐해를 만들어 왔다. 욕망이나 주변자리에 있는 것, 불순한 것, 정상적이지 못한 것 등을 소외시키고 억압시킴으로써 과학은 그 권위를 부여받았다. 후기구조주의의 사유는 그러한 주변부의 것들이 온전하게 드러나거나 복권될 수 있는 방안에 대해서 사유한다. 들뢰즈는 주류철학에서 간과했던 것들이 만들어내는 운동과 변화를 통해 만들어지는 생성에 대해 사유했다.

들뢰즈의 사유는 1968년에서 1969년에 걸쳐 발생했던 68운동의 영향과 밀접한 관련이 있다. 그의 사유는 당시의 시대상과 시대정신을 반영하며 이후 사회의 흐름과 연계되어 있다. 그것은 이전의 사회변혁을 주도했던 운동과는 그 성격에서 차이가 있었다. 당시 전 세계적으로 발생했던 다양한 요구의 시위와 항거 등은 주장이 명확하지 않다는 공통점이 있다. 시위에서 나왔던 구호는 매우 다양하고 일관성이 결여되어 있었다. 당시의 이슈는 이전의 심각한 사회 이념이나 불평등, 굶주림 등의 절박함을 극복하기 위한 것이라기보다는 낡은 세계의 권위주의적이고 숨 막히는 현실에 대한 불만을 표출하며 급진적 변화를 요구했다. 이른바 좌파적인 저항정신이 분출한 시기였던 것이다.

이처럼 들뢰즈는 '욕망'이라는 것을 기존 관념적 사유와 독립적으로 떨어뜨려 사고하려고 하였고 부정적인 것으로 생각한 것이 아니라 무언가를 만들어내는 긍정적 효과가 있는 힘(욕동)이라고 생각했다. 이 대목에서 우리는 들뢰즈의 사유가 니체의 '생의 철학' 및 '권력의지'의 내용과 유사하며 그의 사상으로부터의 영향을 쉽게 인식할 수 있다. 그의 사유는 기존의 관념론에 근거한 정적靜的인 것들에 대한 사유가 아니라 니체의 인간의 정념과 욕동에 근거한 동적인 것과 변화를 사유하는 철학으로부터 강력한 영향을 받았다. 또한 그는 무의식적인 욕망과 연계하여 사유했다. 이것은 일반적으로 들뢰즈를 말할 때 평가하는 부분이다. 그리고 이 내용은 그의 저서 '앙티 오이디푸스'의 주요 내용이기도 하다.

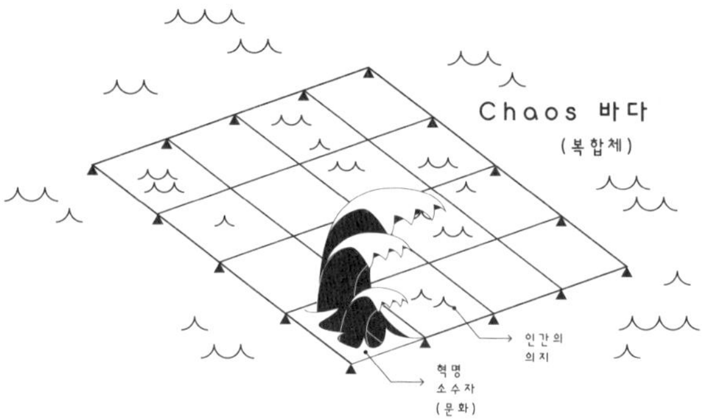


8

특별히 들뢰즈의 철학이 다른 철학자들의 사고와 차별화되는 부분은 존재론에 있다. 데카르트 이후 서구철학의 역사는 '생각하고 있는 나'와 그 외의 '객체'를 중심으로 세계를 어떻게 이해할 것인가의 문제가 사유의 주된 주제라고 해도 과언이 아니다. 주체와 객체를 의도적으로 대상화시켜 나누는 것은 이분법적이고 배타적인 사유이다. 그것에 대한 폐해에 대해서는 시리즈 내용에서 계속해서 다루었던 주제이다. 일단 생각하고 있는 주체와 '대상화' 된 객체라는 이원론 구도에 빠지게 되면 우리는 이러한 사유체계에서 쉽사리 벗어나기 힘들다. 전통적인 형이상학을 벗어나고자 했던 데리다 역시 사실은 주체와 객체, 형이상학이라는 것을 떠나서는 사유자체가 불가능할 정도였다.

그런데 들뢰즈는 이런 주체철학의 범위를 과감하게 벗어나 있는 것처럼 보인다. 그의 철학에서 '존재'라는 것은 주체와 객체와는 전혀 다른 듯한 단어인 '생성', '효과', '사건' 등으로 표현한다. 처음 이러한 개념을 듣게 되면 대단히 생소하게 들릴 것이다. 이 부분을 설명하기 위해서는 들뢰즈에게 영향을 준 철학자들의 사유와 관련되는 개념에 대해서 먼저 살펴보아야 한다. 그는 주체가 먼저 있다고 생각하지 않고 생성, 효과, 차이와 반복, 사건 등을 통해서 생성되는 주체의 근본을 사유했고 근대적 주체의 개념의 한계를 벗

8. 후기구조주의 도해

어나고자 했다. 그것은 오히려 역발상이라고 할 수 있다. 사실, 들뢰즈의 사유는 전통적인 관념론적인 그리스 철학에서 논의했던 고정 불변의 영원한 것, 상위의 것에 대한 형이상학적 사유와는 반대적 입장에 서있다. 그의 철학은 생성, 변화, 움직임, 감정, 정념, 소멸되는 것 등에 대해서 사유했던 생의 철학의 계보에 속하는 사유로부터 나온 것이다. 따라서 그의 사유는 인간의 욕동, 정념, 열정, 정열 등의 파토스pathos의 특성과 관련된 예술적 사유 및 행위와 관련된 부분과 궁합이 잘 맞는 측면이 있다.

### 7002 들뢰즈에 영향을 준 철학자와 사유

특이한 존재론을 선보이고 있는 들뢰즈의 사유는 지난 시대의 철학사유들로부터 많은 영향을 받은 것이다. 역사상의 주요한 철학자들과 같이 들뢰즈의 사유는 스스로 나온 사유가 아니라 고대 스토아학파로부터 시작하여 근세의 다양한 철학자들의 사유를 독창적으로 재해석하여 융합한 사유이다. 그의 사유는 다양체 혹은 복합체와 같은 사유라 할 만하다. 그런 측면에서 그의 사유에 영향을 준 철학자들의 대략의 특성을 살펴보는 것이 그의 사유를 이해하는데 있어서 많은 도움이 된다.

일단 들뢰즈에게 영향을 끼친 철학자들과 대표적인 내용을 살펴보면 다음과 같다.

**니체 – 생의 철학, 권력의지, 영원회귀론**

**스피노자 – 범신론적, 통합적 사고, 변용적(능산, 소산적 자연) 사고,**
**육체와 정신의 합일(지속의 힘 사유)**

**라이프니츠 – 모나드, 주름, 접힘과 펼쳐짐**

**흄 – 회의주의, 주체의 해체(인과관계와 자아 부정), 인상의 관념(흐름, 묶음, 관습성)**

**베르그송 – 지속, 시간, 생의 약동, 지속(시간)의 주관적 사고**

등이 대표적이다.

앞서 언급한 바와 같이 들뢰즈의 사고가 독특하고 창조적(존재론에 있어서)이라고 말할 수는 있지만 그렇다고 완전히 새롭다고 보기는 힘들다는 점이 바로 여기에 있다. 그 이유는 그의 사고가 기존의 것을 도입하여 새롭게 재해석하고 적절히 변형시킨 변종의 사고에 가깝기 때문이다.
실제로 그 자신도 '여러 생물과 계간鷄姦하여 새로운 종류의 생물체가 되게 만드는 것, 그것이 내가 바라는 바이다' 라고 언급한 바 있다. 들뢰즈는 "자신은 철학사를 뒤적이다가 마음이 끌리는 철학자를 만나면 그 철학자를 뒤에서 덮쳐 계간을 했다" 라고 언급했다. 예를 들면 그가 스피노자에 대한 철학서(주해서)를 쓴 경우 그 철학자(사유)를 마치 뒤에서 덮쳐 새롭게 해석하여 변종의 사생아를 만드는 식이다. 다시 말해 그는 사유의 변종을 새롭게 창조하는 것이다. 그러나 들뢰즈는 니체에 대해서는 오히려 절망감을 토로한다. 그를 자신의 제물로 만들고자 했지만 오히려 그의 제물이 되었다는 것이다. "니체를 뒤에서 덮쳐 사생아를 만들려고 하니, 어느새 니체가 자신을 덮치고 있더라"라고 말한 것이다. 니체의 사유를 통해 사생아를 만들어 내는 것이 아니라 자신의 사유가 이미 니체로부터 영향을 받아 만들어진 일종의 사생아임을 고백한 것이라고 할 수 있다. 그의 사유는 포스트모던 시대 이후 현실세계의 상황을 반영하듯 기존 철학사유의 다양한 담론들이 서로 교차하는 가운데 창발되며 복합적인 새로운 것을 분기시키는 후기자본사회의 현실을 철학적으로도 잘 반영하고 있다. 달리 말하면 그의 사고는 포스트모던 이후 오늘날까지의 현실세계를 잘 파악하고 철학적으로 잘 이해할 수 있고 설명이 가능하기 때문에 주목받고 인정받고 있는 것이다. 지금부터 언급하는 철학자들은 들뢰즈에게 영향을 준 철학자들의 사유의 개념을 정리한 것으로 처음 접하게 되면 생소할 수 있으므로 이해가 어려우면 일단 빠르게 읽고 넘어간 후, Part Ⅱ를 보고 다시 읽게 되면 이해하는데 도움이 될 것으로 생각된다.

### – 니체의 철학적 사유

니체는 서구사상의 모든 지적전통을 뒤흔든 철학자이다. 니체에 따르면 그리스의 비극은 아폴론적인 것과 디오니소스적인 것의 결합을 통하여 형상화되는 것이라고 주장한다. 소크라테스 이후의 철학은 이성을 지나치게 강조한 흐름이었다. 특히 플라톤의 이데아 사상 이래 근대의 데카르트적인 사유의 흐름으로 대표되는 관념론은 모두가 철저하게 인간의 이성에 집중하여 관념적으로 사유한 것이었다. 그러나 니체의 사유는 철저하게 인간의 다른 영역으로부터 발생하는 '변화'에 대해 사유에 집중했다. 그는 아폴론적인 질서와 이성만이 세계에 군림하게 되는 상황이 발생하면 무한한 창조적 삶은 사라진다고 주장했다. 니체는 술의 신인 디오니소스와 같이 비이성적이지만 광기어린 직관과 심리적 사유에 의한 창조적 힘이 결합될 때 비로소 창조가 완성될 수 있다고 보았다. 그의 철학은 인간의 '파토스pathos(정념, 정열, 충동)'와 무의식 등에 관심을 집중하고 있으며 그것은 이성 이외의 것에 대해 사유하면서 구조 이외의 욕동에 대해서 사유한 것이었다. 이점이 바로 그의 철학을 '생生의 철학'이라고 부르는 이유이기도 하다. 기존의 관념론적인 형이상학적 주체를 초월하여 인간의 육체적 감정과 정열 등이 결합되어 창조적 변화를 이끌어나가는 '힘에의 의지'에 중점을 둔 것이다. 그것은 기존의 주체개념(동일성)을 벗어버리고 계속적으로 변화하는 자신을 사유한다면, 창조적 자기의 초월이 가능해지는 것이다. 앞서 살펴본 해체주의의 사유, 현상학적인 사유 역시 이성의 빈 부분, 이성으로는 사유할 수 없는 부분들을 보충하거나 드러날 수 있는 방법을 사유한 것으로 이해할 수 있으며, 니체는 그 이전에 이러한 면을 간파하고 역설하여 후대의 철학자들에게 많은 영향을 주었다.

한편, 그는 서구사상이 기독교적 사고가 덧붙여지면서 더욱 비관적으로 변해 왔다고 생각했다. 기독교적 윤리가 인간의 기본적인 강한 자의 윤리를 거부하고 약한 자의 고통을 어루만지는 동정, 박애, 자비 등의 덕목을 선이라고 주장하면서 인류를 나약하게 변화시켰다고 생각한 것이다. 오히려 그는 더욱 강하게 하는 무언가를 향해 노력하는 것, 초월하는 것 등, 강자의 윤리의 개념에 대해 설파했다. 그것은 서양전반에 절대적 영향력을 끼쳤던 기독교의 근본구조를 공격하는 것이었다. 니체는 이러한 의지를 '권력(힘)에의 의지'라고 불렀다. 니체는 기독교의 영향으로 유럽의 도덕은 '권력에의 의지'를 부정하는 방향으로 나아갔다고 주장하며 기독교적 가치에 무차별적인 공격을 감행했다. 그는 초인超人과 같이 강인하게 살아가고 원한이 없는 강한 자의 여유를 가진 덕목을 주장한다. 그의 사유를 접한 사람에 따라서는 그의 사유가 일견 타당한 이유가 있다고 볼 수도 있을지 모르겠다.

그러나 생각과 사유는 무언가 사악한 의도와 결합되어 악용되기 쉽고 정파적인 요소들과 결합되는 경우 매우 파괴력 있는 사회적 문제로 비화될 가능성이 항상 열려 있다. 역사상 히틀러가 대표적이다. 그는『나의 투쟁』이라는 일종의 철학서를 펴낸 정치적 인물이다. 그러나 그의 철학은 잘못된 것

이다. 이 사상은 히틀러가 독일 민족주의 성향의 바그너 음악 및 니체의 사유에 영감을 받고 사악하게 이용한 사례가 되고 말았다. 히틀러는 게르만족의 순수혈통과 권력의지 및 강자의 윤리인 '초인'의 역사가 주가 되는 제국을 건설하고 헤겔의 목적론적 이상 국가를 건설하겠다는 기치 하에 세계대전을 일으켰다. 또한 여호와의 민족으로 자부하는 유대인들과 잡종의 유목민으로 생각한 집시들을 말살하려 했고 600만의 죄 없는 사람들을 가스실로 보내 대규모 학살을 저지르는 인류 최악의 역사를 만들고 말았다. 이와 같이 사유의 체계를 성립시키고 실행하는 과정에서 사유의 말단에 이르게 되면 외적 변수들과 결합하여 아주 훌륭하고 선이 충만한 결과를 만들어 낼 수도 있고, 정반대의 참

9. 히틀러의 사상과 잘못된 실행

혹한 결과를 만들어 낼 수도 있다.

니체의 철학은 '생生의 철학'으로 정리할 수 있으며 그것은 동일성에 대해 끊임없는 질문을 하게 하는 사유이다. 감정과 욕동에 흔들리고 변화하고 영향을 받는 인간은 '주체'라는 고정된 의식에 근본적인 회의를 가질 수밖에 없다. 그런 의미에서 고정된 주체란 존재하지 않을지도 모른다. '내가 지금 이야기하고 있는 것이 정말 내가 생각하거나 말하고 있는 것일까?' 하는 질문과 회의는 니체의 유명한 '누가 이야기하는가Who Speaks?'의 내용과 밀접한 관련을 지니고 있다.

니체의 사유는 들뢰즈의 사유의 근본적인 출발점이 되는 '생의 철학'의 시조이다. 인간의 파토스적인 측면과 변화나 운동을 중심으로 하는 현대적 사유의 출발점이 되는 철학이므로 그의 사유는 니체를 넘어서고자 했지만 오히려 니체에게 잡아먹힌 것 같다는 고백을 할 정도로 그의 사유에 막대한 영향을 끼쳤다는 점에서 중요하다.

**– 스피노자의 철학**

네덜란드 철학자인 스피노자는 데카르트의 영향을 받아 유대교를 비판했다가 파문당했다. 우리는 1권에서 스피노자의 사고와 바로크 건축에 대해서 살펴보았다. 스피노자의 사고를 한번 상기해 보도록 하자. 스피노자의 사고는 범신론적이고 통합적인 사고이다. 그는 모든 자연의 개개 사물들이 신의 속성이 깃들어 있는 것으로 간주했다. 그는 단순히 생각하고 있는 '나'라는 주체와 그 외의 객체 및 대상으로 생각했던 이원론과는 다른 변종적 사유를 시도한 것이다. 기존의 주체와 객체의 이원론적 세계관에서  벗어나는 사유를 하기 위해서는 변종적 사고를 했던 철학자들을 열심히 참고해야 할 것이다. 그래서 스피노자의 사고는 들뢰즈의 사유의 출발점으로 매우 중요한 위치를 차지하고 있다.

스피노자는 데카르트 및 라이프니츠와 함께 대륙의 합리론의 대표적인 근대철학자로 분류된다.

그의 사유의 핵심이 펼쳐져 있는 저서『에티카』는 신과 정신, 정서, 지성, 자유 등의 다섯 주제들을 다루며 정신과 물질이 어떻게 융합되면서 양태가 변화하여 나가는지에 대해서 고찰하고 있다. 여기에서 스피노자는 인식론, 형이상학, 심리 철학, 그리고 윤리학과 관련된 내용을 다루고 있다. 그의 사유는 오늘날 몸철학, 후기구조주의의 욕망의 철학과 관련된 부분에 많은 영향을 끼쳤다. 스피노자가 이해하는 세계는 자연이면서 동시에 신이며 실체이다. 세계 내의 개물個物속에 신의 속성이 들어가 있다는 입장 때문에 그의 사유를 범신론적인 것으로 분류하기도 하지만 간단하게 그렇게 볼 수 있는 것은 아니며 그는 오히려 일원론적인 이원론자로 생각해야 할 것이다. 그는 정신과 본질이 합쳐진 가운데 그것이 펼쳐지고 접혀지는 운동을 중시하고 있다.

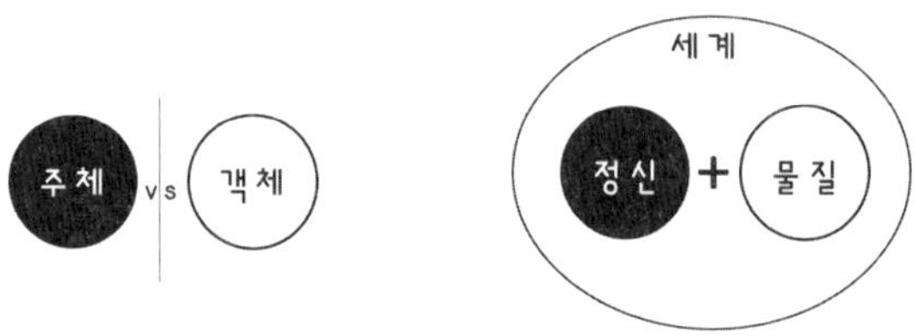


10

데카르트의 경우, 물질과 정신은 분리시켜 사고하기 때문에 주체와 객체가 명확한 사유체계였다. 이른바 대상화의 사고이다. 거기에는 진공과 같은 상태에서 주체와 대상(객체)과의 단절된 상태만이 존재한다. 그러나 스피노자는 데카르트의 이원론을 극복하기 위해 물질과 정신을 통일시키려고 했다. 그는 신이 곧 만물의 근원이라고 생각했는데, 이것은 전통적인 신의 개념 즉, 우리가 바라볼 수 있는 개념을 벗어난 것이었다. 그는 모든 것에 '신'이 깃들어 있다고 생각했고 스스로 존재하며 스스로를 통해 인식되는 것이라는 생각을 가지고 있었다.

10. 데카르트의 사고관과 스피노자의 사고관의 차이

예를 들어 같은 기능이지만 각기 다른 시대, 다른 나라에서 만들어진 펜들이 있다고 가정해보자. 주위에서 흔히 볼 수 있고 경험해보았으니 쉽게 상상할 수 있을 것이다. 같은 기능의 펜이라고 할지라도 그 나라의 가치관 시대적 상황 등에 따라 다른 디자인이 나타난다. 그 시대의 정신 그 나라의 가치관 및 의식구조, 그 디자인을 만드는 콘셉트에 따라 물질은 같은 듯(기능의 면) 매우 다른 양태로 나타나게 되는 것이다. 거기에는 그 물질을 만든 사람들의 정신이 녹아들어가 있다. 스피노자는 정신(욕망)과 물질을 총체적으로 통합하는 사고관을 정립하고자 했고 이른바 정신과 육체의 욕망을 합일하려는 윤리학을 만들고자 했던 것이다.

스피노자는 신체와 정신이 이원론적으로 존재하는 것이 아니라 통합되어 하나로 되어 있다고 생각하며 다음과 같이 표현하고 있다.

**"신체는 정신을 사유로 결정할 수 없으며, 정신도 신체를 운동이나 정지로 그리고 (만약 다른 어떤 것이 있다면) 다른 어떤 것으로 결정할 수 없다."**[1)]

그는 이러한 사유를 구체화시키기 위해 자연을 사유함에 있어서 능산적 자연(만드는 자연)과 소산적 자연(만들어지는 자연)[2)]으로 구분했다. 여기서 그는 실체가 신의 속성이 있어서 자신을 변화시켜 만물을 구성한다고 생각했다. 이렇게 되면 세계는 곧 신이라는 등식이 성립한다. 그러나 그는 그것이 단순히 범신론적인 생각이 아니라 세계가 정신과 물질로 표현되는 사유의 연장선상에서 다양한 형태로 항상 변화하면서 새롭게 분기되어 나타난다고 생각했다. 앞서 언급한 펜에 대한 예시를 생각해보면 다른 정신세계에서 펜의 기능이 다른 양태로 새롭게 분기되어 차이가 발생함을 인정할 수 있다.

플라톤의 사유는 중세의 교부철학과 만나 이원론적 세계관에 깊이 빠져들어 있었다. 그러나 데카르트 이후, 스피노자는 인간이 기본적으로 정신과 육체로 나누어지며 이것은 서로 통합되어 있는데, 인간은 이 두 가지를 합일하려는 **코나투스**conatus의 상태에 있다고 생각했다. 이것은 '지속되는 힘'으로 설명이 가능하다. 그것은 진공과 같은 공간에 있는 주체가 아니라 운

1) 스피노자, 에티카, 강영계 역, 서광사, 2008, p155

2) 능산적能產的자연은 '만드는' 자연이며 소산적所產的 자연은 '만들어지는' 자연으로서 전자는 원인, 후자는 결과를 의미한다. 신이 만들어내는 필연적 생산영역은 능산적 자연(능동적, 생산적)이며 그것을 통해 생산된 자연은 소산적 자연(수동적, 결과적)이다. 자연이라는 실체가 자신의 양태를 변화시켜 만들어지며 그것이 곧 신의 속성이 변화된 것이라는 생각이다. 신은 감각적으로 파악할 수 없지만 자연을 만들어내는 역동적 힘을 의미한다.

동하고 변화하는 존재의 개념이다. 스피노자의 개념에서 정신과 육체의 상태에 따라서 힘은 변화할 수 있다. 그의 사유에서 정신적인 힘은 '의지'로 설명이 가능하며 육체적인 것은 '욕망'으로 설명이 가능하다. 정신과 육체의 힘을 합일하려는 윤리학의 문제가 스피노자에게는 중요한 화두였다.

들뢰즈의 사유에서 '욕망'이란 실체가 물질에 투사되어 다양하게 변화되면서 새로운 개념인 '기계'가 되는 사유로 등장한다. 스피노자의 인식론에서는 지식을 다음과 같이 세 가지로 분류했다. 그것은 첫째, 감각의 단계에서 얻은 지극히 부정확한 지식이며 두 번째, 이성을 통해 얻은 지식, 즉 과학과 수학과 같은 것으로 객관화된 지식이 그것이다. 마지막으로 스피노자는 더 나아가 **'직관지直觀知'**의 높은 단계의 지식을 진정한 참지식이라고 생각했는데, 이것은 개별 사물들의 본질에 대한 지식이 아니라 사물을 인식하는 또 다른 차원의 지식이다. 스피노자의 사유는 이성보다도 더욱 높은 단계의 직관지를 중시한다. 스피노자는 '이성은 많은 부분에서 부족한 것이 있다.' 라는 것을 이성이 발전하는 단계에 이미 간파하고 직관적 영역, 다른 영역을 통찰하여 통합하는 인간의 무의식적 영역까지 포함한 지식이 '참 지식'이라고 생각한 것이다. 그것은 고정된 진리를 최고의 가치로 설정하고 사유했던 근대적 방식을 벗어난 새로운 가치를 제시하는 것이다.

**'정신은 신체의 변용의 관념을 지각하는 한에서만 자기 자신을 인식한다.'** [3]는 언급에서 스피노자의 실체(자연 또는 신)는 정신과 신체의 두 변용 또는 양태로 나타난다는 것 그리고 이 두 가지는 심신 평행의 관계를 맺고 있음을 알 수 있다.[4] 스피노자는 '욕망이란 인간의 본질이 주어진 정서에 따라 어떤 것을 행할 수 있도록 결정된다고 파악하는 한에서 인간의 본질 자체이다.' 라고 말한다.

스피노자의 사유가 들뢰즈에게 주목받은 이유는 그의 사유가 근대적 개념의 '주체'를 중심으로 전개된 것이 아니라 정신과 물질이 통합된 가운데 정신과 물질이 '변화되는 양태'에 관심을 집중하였기 때문이다. 끊임없는 요

3) 스피노자,「에티카」 제 2부 정리 23, 강영계 역, 서광사, 2008

4) 같은책, p8 역자 서문. 스피노자는 정신과 육체의 힘을 어떻게 조화롭게 합일하는가가 결국 윤리의 근본적인 문제라고 생각하여 그의 주저 '에티카(윤리학)'을 저술했다.

소들과 관계들의 접합과 절단을 통해 새로운 의미를 형성해나가는 변화와 운동을 사유한 들뢰즈에게 스피노자의 사유는 적합한 개념적 모티브를 섭취하기에 충분한 독특한 변종의 사유였다.

**– 라이프니츠의 철학**

들뢰즈는 변화와 운동을 주로 사유했고 무언가 끊임없이 변화되는 가운데 잠재되었던 것이 현실에 드러나는 과정과 드러난 것이 다시 잠재적인 것으로 변화되어 상호 반복되는 개념을 중시했다. 들뢰즈에게 그러한 '접힘'과 '펼쳐짐'의 개념을 가져오는데 크게 영향을 준 철학자가 바로 라이프니츠이다. 라이프니츠의 사유를 대표하는 것은 **'모나드'** 라는 개념이다. 또한 라이프니치의 사유를 대표하는 문장중 하나는 **'모나드에는 창이 없다'**이다.

이 문장은 '복합적인 것은 단순한 실체의 집합에 불과하다'는 것을 의미한다. 단순한 실체는 모나드(단자單子)이다. 단자는 물리학의 원자의 개념과는 다르다. 그는 그 안에 무언가 에너지와 힘을 포함하고 있는 것으로 보았다. 즉, 모나드의 개념은 물리적으로는 말할 수 없는 영혼, 정신, 생명 등의 정신적 요소가 포함된 특성이 강한 것으로 설정되어 있다. 따라서 그것은 물리학 등의 물질세계보다 더 깊거나 더 앞선 무언가를 포함한 개념이다. 그렇지만 그것이 요소들 간의 상호작용을 의미하는 것은 아니다. 그것은 어떠한 크기나 질량도 가지지 않으면서 우주의 모든 것을 담고 있는 일자一者이며, 이것이 라이프니츠의 실체인 단자(모나드)이다. 이것은 궁극적 원인과 기원이 되며 우주 바깥에 필연적으로 존재하는 무언가가 있다고 전제한 사유이다. 들뢰즈의 경우 생성은 단 한번 있었을 뿐이고 그것의 양태가 계속해서 변화하여 나가고 있다고 생각한다. 라이프니츠의 모나드론은 간단히 말해 사건들이 접혀져 있는 것들이 펼쳐짐으로써 사건이 현실화된다는 입장이다. 달리 말해 사건중심이며 과정 중심적 사고라고 할 수 있다. 앞서 언급한대로 진공 속에서 고정된 요소와 같았던 '주체'와 '객체'의 이원론에서 더 나아가 변화와 생성의 물리 과학적 영역까지 포함시킬 수 있는 진보된 개념이다. 쉽게 설명하면 씨앗 속에 들어있는 DNA는 조그만 씨앗 안에 차곡차곡 접혀있는 채로 존재하다가 발아하고 성장하고 열매를 맺으면서 펼쳐진다. 그것은 또한 씨앗을 생산하며 소멸하며 다시 접혀지는 순환관계를 이룬다. 고등한 생물은 씨앗보다 더욱 복잡한 주름이 접혀있다고 볼 수 있다.

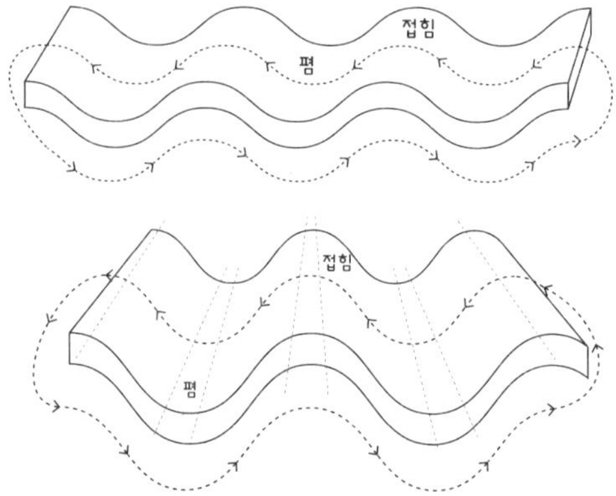


11

단순한 실체는 모나드의 에너지와 힘으로 이루어져 있는 것이고 여기에는 영혼이나 정신, 및 생명이 없으며 물질에 앞서는 것이라고 그는 생각했다. 길이나 크기를 갖지 않으면서 그 안에 우주의 모든 것을 담고 있다는 것이다. 그러나 그것은 무언가 목적이 내재되어 있어서 분리된 단자들이 펼쳐져 나가면서 새로운 것으로 변화되는 것이다. 모든 원인은 궁극적 원인이고 바깥에 필연적으로 존재하는 무언가가 필요하게 된다. 이것이 바로 충족이유가 될 것이다. 여기에서 유명한 라이프니츠의 '주름'의 개념이 생성된다. 모나드 속에는 주름이 겹쳐져 있다. 어떠한 실체가 발전해 나가는 것, 펼쳐지는 것은 이렇게 모나드 속에 주름이 겹겹이 겹쳐져 있는 것이 펼쳐지는 과정이고 복잡하고 발달된 것일수록 이러한 주름이 더욱 복잡하게 되어 있다

11. 접힘과 펼쳐짐과 주름

고 그는 생각했다. 주름과 펼쳐짐의 사유는 건축적으로 응용하거나 생각할 점이 많아 오늘날 많은 건축가들이 '주름'과 '펼쳐짐'에 대해서 담론화시키고 있으며 이 개념으로부터 영감을 받아 표현하는 건축 작품이 다수 선보여지고 있다.
이것을 스피노자의 사유와 연관시켜 생각하면 주름은 능산적 자연, 소산적 자연의 요소들과 함께 각각의 신의 속성이 깃들여 있는 객체들이 자신이 가진 신의 속성에 따라 실체의 모양을 변화시키면서 나타나게 되는 개념을 이해할 수 있을 것이다. 모나드속의 주름이 차곡차곡 접혀서 풀려 나오면서 실체가 변화하게 되는 모습을 같이 떠올리면 들뢰즈가 이야기하는 욕망이 구체화되며 다양체 및 복합체가 되는 사유를 이해할 수 있다.

들뢰즈는 전통적인 관념론으로부터 나온 근대적 이성의 주체와 대상화된 객체와의 관계, 그리고 그것을 극복하고자 했던 일련의 사유의 흐름들과는 달리, 주체와 객체의 구도로는 사유하기 힘들거나 주변화되었던 요소들로부터 만들어지는 변화와 운동, 생성, 그리고 흐름 등의 것들을 존재론의 주요한 대상으로 사유했다. 들뢰즈는 이렇듯 스피노자의 범신론적 통합적 사유와 라이프니츠의 모나드 주름의 펼쳐짐과 접혀짐의 사유에 의해 운동과 변화의 요소들이 접목되어 자신의 아이덴티티를 형성하는데 이들의 사유로부터 지대한 영향을 받았다. 또한 관계, 생성, 발생, 과정, 차이, 변이 잠재성, 주름에 대한 라이프니츠의 생각은 고정되지 않고 끊임없이 변화하면서 생성되는 생물체의 배아와 성장단계를 설명하는데 있어서 적합한 이론으로 인정받았다. 그의 사유는 하나의 씨앗, 하나의 배아가 점점 성장하고 양태를 변화시켜나가면서 본래의 특성을 드러내는 DNA의 변화과정을 설명하기에 적합해서 생기론의 근본적인 토대가 되었다. 그의 사유는 무언가의 드러나는 구조가 각 요소들의 차이의 관계로부터 만들어짐을 사유하는 후기구조주의의 근본적 취지와 연결된다.

**– 흄의 철학**

흄의 사유는 들뢰즈에게 '차이와 반복'의 개념에 많은 영향을 준 철학자이다. 흄은 회의懷疑의 극단까지 갔던 경험론자이다. 그는 회의를 통해 근대철학을 극한까지 탐구하여 해체하기 이르렀다. 근대철학을 비판함에 있어서 흄은 '우리가 생각하는 지식과 객관적인 앎이라는 것이 과연 있는가' 라는 주제로 극단까지 회의를 한 철학자이다. 그 결과 그는 정신이 만들어 낼 수 있는 것은 감각기관의 테두리 안에서만 가능하다는 결론에 도달했다. 또한 그는 그것이 우리가 알고 있는 한도 내에서 조합할 수 있는 정도의 수준에 불과하다고 주장한다.

흄은 **'정신이라는 것은 서로 다른 지각들의 더미 또는 집합일 뿐이며, 이 지각들은 어떤 관계들에 의해 함께 합일되며 비록 거짓이라고 할지라도 완전한 단순성과 동일성을 부여받은 것으로 가정된다'**[5]고 언급한다. 예를 들어 보자. 현실에는 존재하지 않는 상상의 동물 유니콘은 날개 달린 말이다. 흄은 그것이 단지 새와 말, 코뿔소 등의 뿔 등이 조합된 것에 불과하다고 생각했고 이전의 교육과 이미지의 조합을 통해 만든 것으로 보았다. 새로운 것을 만들어낸 것 같이 생각할 수 있지만 그 자체도 교육과 경험의 요소들이 결합된 것이라고 주장한다.

흄은 또한 다음과 같이 언급한다. **'우리가 전혀 경험하지 못한 사례들은 틀림없이 우리가 경험한 사례들과 닮았으며, 자연의 흐름은 언제나 한결같이 동일하게 지속된다'**[6] 그에게 정신이란 감각기관의 '경험'을 통해 생성된 것에 불과하다. 경험이 없이는 새로운 것이 나올 수 없다. 과학이라는 자명해 보이는 공식과 같은 사실들도 여태까지 대부분 실험을 했더니 '그래왔다' 라는 경험에 의해 '일반적으로 앞으로도 그럴 것이다' 라고 단정하는 태도라고 규정하고 그것 또한 믿을 수 없는 것이라고 주장한다. 그래서 흄은 데카르트 이래 '이성'의 절대적 지위와 믿음을 처음으로 송두리째 해체한 철학자라는 평가를 받는다. 흄은 **'공상은 자신의 모든 관념을 선행하는 지각에서**

5) 데이비드 흄, 오성에 관하여, 이준호 역, 1994. p227인용
6) 같은책, p108

**빌려온다'는 생각을 가지고 있었다.**[7] 즉, 변화를 인지하는 것은 자기 자신의 인식이며 안정된 주체는 존재하지 않으며 단지 변화하고 있다고 인식하는 주체가 있을 뿐이라는 생각까지 발전하게 된다. 흄은 차이를 인식하는 주체와 끊임없는 변화에 대해서 사유하고 있다. 다시 말해 인과관계란 시, 공간상에서 얽혀 있는 두 인상(현상)의 관계로 나타나는 습관적인 판단이라고 주장한다. 여러 가지 현상을 경험하다보니 앞으로도 그렇게 될 것이라는 인식이 생기게 된다는 것이다. 그는 사물을 보고 생긴 것이 인상이고 그것의 기억이나 결합으로 관념이 발생한다고 주장하는 한편, 근대의 주체, 정신이 따로 있는 것이 아니고 관념과 인상의 다발만이 있을 뿐이라고 주장한다. 이를 통해 흄은 데카르트가 중시한 근대적 개념의 주체와 정신의 범주를 해체하기에 이르게 된다.

변화에 대해 인식하는 것은 들뢰즈에게 있어서는 매우 중요한 문제였다. 주체를 중심으로 하는 이성을 해체하고 새로운 사유를 하기 위해 흄의 사유는 들뢰즈의 사유에 중요한 모티브가 되었다. 이러한 사유는 그의 주요 저작중 하나인『차이와 반복』에서 중점적으로 논의되었다. 차이와 반복을 인식하는 주체가 정말로 주체인가에 대한 근본적 물음을 통해 근대이성을 해체하고 새로운 존재를 사유한 방식이 되었기 때문이다.

**– 베르그송의 철학**

들뢰즈는 동일성의 폐해를 사유하는데 있어서 베르그송의 '지속의 시간'의 개념으로부터 많은 영향을 받았다. 그는 베르그송으로부터 근대철학의 한계와 문제점의 핵심이 되는 동일성에 대한 폐해를 극복할 수 있는 단서를 발견한다. 베르그송의 사유는 들뢰즈에게 심리적인 것이 포함되는 시간관과 '지속'을 통해 변화와 운동을 인식하는 '주관적 주체'가 존재하고 변화가운데 주체가 존재함을 역설했다. 베르그송은 과학적 영역으로 말하기 힘든 직관이 이성보다 더 우월한 것으로 생각했고 고정된 것을 대상화하여 사유

7) 같은 책, p225

하는 것보다는 시간속의 변화를 사유했다. 따라서 베르그송은 연대기적 시간의 개념을 부정했다. 연대기적 시간은 연속적 시간개념이다. 역사책과 같이 옛날부터 오늘날까지 순차적으로 보는 것이다. 변증법적으로 생각하면 선적인 역사발전의 과정으로 보는 시각이다. 혹은 군대나 짜인 조직에서의 시간 매트릭스와 같이 재단하고 빡빡하게 프로그램을 배치하여 경영하는 이성적이고 합리적인 시간개념이다. 그러나 베르그송은 이러한 방식에 반대한다. 간단히 말해, 그의 사고는 변증법적 이성적 사유와 세계관을 넘어서는 사유를 하려고 한 것이라고도 할 수 있다.

변화하는 무언가의 연속성을 회복하기 위해 베르그송은 '지속'의 개념을 만들었다. 신의 입장에서 보게 되면 인간의 오랜 역사라고 하는 시간의 길이도 사실, 측량할 수 없는 무한의 시간 가운데에서는 단 한 점에 지나지 않을 찰나로 느껴질 것이다. 따라서 신이 바라본 입장에서 시간은 공간 가운데 존재하는 하나의 점과 같을 것이다.[8] 이처럼 시간의 개념은 상대적인 것이다. 베르그송은 지속적인 시간, 연대기적인 시간을 벗어난 시간에 대해서 말하고 있다. 베르그송의 시간개념으로부터 영향을 받은 들뢰즈는 근대적 시간관(선적線的 시간관)을 벗어난 시간개념을 도입한다. 시계로 측정하는 시간은 선적으로 계속해서 흘러가는 정량적인 시간이다. 그러나 우리의 정신은 신체와 연결되어 있다. 신체가 느끼는 시간은 앞서 언급한 이성적 시간과는 매우 다르다. 우리는 시간에 대해서 주관적인 기억 및 감정과 연계되어 각자 다른 시간의 감각을 느끼게 마련이다. 즐거웠던 순간은 매우 빨리 흘러가고 짧게 느껴진다. 이와는 달리 고통스럽거나 당황스러웠던 순간은 비록 매우 짧은 순간이라도 영겁의 시간이 흘러가는 것만큼 길게 느껴지기도 한다. 또한 고통스러운 기억이나 순간은 계속해서 트라우마가 되어 현재의 시간 속으로 회상이 되어 문득문득 찾아오며 괴로운 심정에 처하게 된다. 물리적인 시간은 이미 오래전 지나갔지만 그 기억은 생생하게 현재의 순간에 접목되는 것이다. 이렇게 인간의 신체와 연결된 기억과 시간은 다른

8) 들뢰즈는 신의 입장에서 바라보는 상대적인 시간관은 크로노스의 시간으로, 매트릭스의 시간처럼 시간을 자꾸 분할하고 분석하고 재단하고자 하는 시간을 아이온의 시간으로 구분하여 설명한다.

차원으로 우리에게 '지속'된다. 향후 들뢰즈는 베르그송에 영향을 받아 지속의 시간을 종합하여 인식하는 것, 즉, 습관의 종합, 기억의 종합, 영원 회귀적 종합으로 시간을 이해했다.

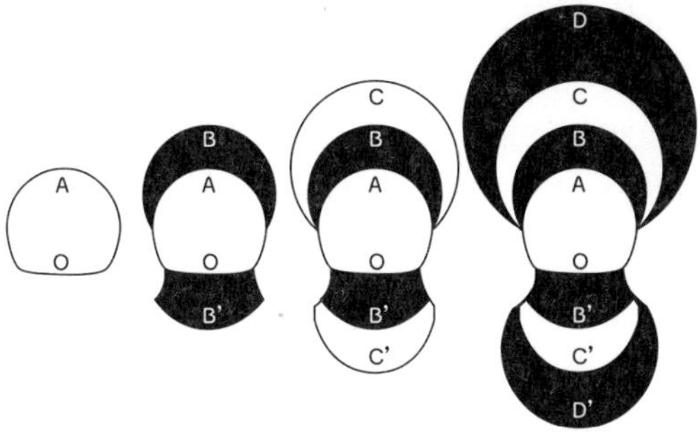


12

베르그송이 설명하는 이 다이어그램에서 '과거'는 항상 현재와 동시에 존재한다는 것을 의미한다. 그것은 우리의 지각의 한부분일 뿐이다. 영화에서의 인상은 의식에 남게 되지만 물리적으로는 존재하지 않는 것과 마찬가지로 우리의 뇌속에 존재한다. 기억을 통해 우리는 항상 시간을 인식하게 된다. 연속된 순환상에서 인식하게 되는 것이다. 신체와 뇌와 기억을 가지고 있는 인간에게 시간은 이렇게 연대기적이고 일렬로 늘어져 흐르는 시간이 아니라 살면서 받아들이는 다양한 자극과 외적변수에 대해서 신체의 반응을 얻게 되며 필요정도에 따라 기억하는 것이다. 따라서 그것(강렬한 경험)은 간격 속에서 확장되며 지속되는 것처럼 느껴진다. 앞의 다이어그램은 외부반응에 신체가 지각하는 기억에 대한 다이어그램이다. 다이어그램은 강렬도에 따라 기억의 영역이 시간의 간격 속에서 지속적으로 확장됨을 보여준다. 새로운 이미지와 기존의 이미지는 다시 순환하여 합쳐지게 된다. 사라지는 것이 아니라 합쳐지는 것이다. 과거는 사라지지 않고 현재와 합쳐진다. 베르그송은 '지각에는 항상 그것을 해석하면서 완결시키는 이미지-기억들이 배어 있다. 이미지-기억 쪽에서 보면, 그것은 자신이 구체화하기 시작하

12. 기억과 시간의 다이어그램

는 '순수 기억'과 자신을 구체화하는 지각에 동시에 참여한다.'라고 언급한다.[9] 베르그송이 생각하기에 모든 물질에 대한 이미지는 이미 기억이다. 그의 사유는 단순히 머릿속에서 관념적으로 사유해왔던 기존의 철학과는 달리 인간의 뇌, 즉 신체의 명백한 테두리(한계) 내에서 사유하고 있다는 것을 강조하여 '몸철학'과도 연계된다.

13

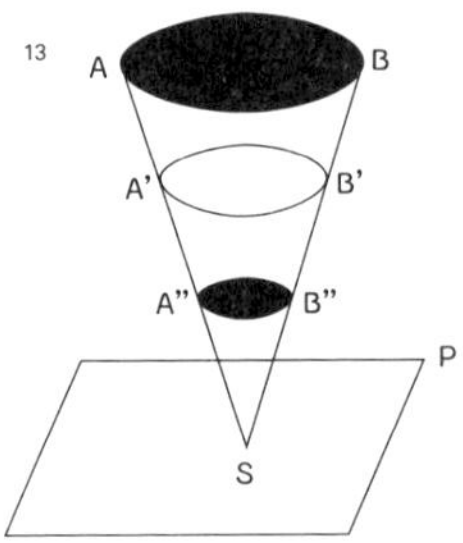


베르그송은 콘형태의 다이어그램에 대해서 다음과 같이 설명한다.

"어떤 연상 작용이나 키워드에 의해 과거의 기억과 경험이 한꺼번에 소집되어 세세하게 디테일까지 기억나게 되는 것은 현재에 과거의 다른 층위의 요소들이 동시에 합쳐지면서 '지각 속에서 종합'하는 것이다" 라고 주장한다. 또한 그는 '일반관념의 본질은 행동의 영역과 순수기억의 영역 사이를 끊임없이 움직이는 것이다'라고 언급했다.[10] 앞의 다이어그램에서 S는 기억들이 종합의 운동과정을 통해 현실화로 드러나는 순간의 메커니즘을 설명한 것이고 순수한 기억은 원뿔의 하부 차원으로 잠재화되면서 수축된다. 회상은 이러한 순수기억의 잠재차원과의 수축과 이완을 통해 종합된 것이 드러나는 운동과정이다. 그런 측면에서 베르그송에게 음악의 멜로디는 의식과 기억을 통한 지속 가운데 존재하는 것이다. 베르그송의 사유가 근대의 사유와 다른 것은 진공과 같이 멈추어져 있는 상태의 공간속에 있는 '주체'와 '객체'의 관계를 지속하는 가운데 시간의 개념을 도입하고 통합하여 사유하려 했다는 점에 있다. 멜로디는 변화하는 음이다. 그러나 변화를 느끼는 것은 실제로는 자기 자신의 인식이고 정확한 존재 자체나 변화하는 존재가 있는 것이 아니라 변화를 인식하고 있는 주체가 있는 것일 뿐이라고 그는 생각한다. 어떤 면으로 보면 바로 앞서 언급한 흄의 생각과 비슷하다. 음악이라는 것이 이전에 전혀 없었다고 가정하고 그래서 우리가 음악이라는 것을 한 번도 경험하지 못했

9) 베르그송, 앙리, 물질과 기억, 박종원 역, 아카넷, 2005, p230인용
10) 같은 책, p274인용
13. 지각속의 종합

었다고 가정한다면 그것은 단순히 듣기 좋은 물리적인 음의 진동정로로만 느껴졌을 것이다. 그것이 음악이고 멜로디라고 인식하는 것은 변화하는 음의 멜로디를 인식하는 주체가 존재한다는 것이다. 이렇게 인식하는 것은 논리적인 그것과는 사뭇 다르다. 이렇게 무언가를 인식하는 과정이 바로 '직관'이고 직관은 '지속' 가운데 실재를 파악하는 것이다. 지각 속에서 총체적으로 종합하는 주체가 있는 것이며 그것은 다른 층위의 여러 가지 요소들을 종합하는 개념으로 앞의 다이어그램으로 설명가능하다.

그는 이전의 상태가 다른 것 속으로 침투하고, 녹아들고 용해되면서 물질적 세계가 하나의 단일적인 흐름, 연속, '~되기' 로 변화된다고 이야기한다. 우리는 변화를 인식하는 주체의 이성이 아닌 직관을 통해 지속적인 변화의 양상을 파악할 수 있게 된다. 지속은 그래서 변화하는 것이고 다양성을 나타낸다. 지속적인 것은 변화를 인식하고 있는 주체의 파악이기 때문에 나뉠 수 없는 것이다.

들뢰즈의 변화, 움직임, 운동과 관련된 사유와 이러한 내용은 들뢰즈의 저서 『차이와 반복』에서 주요하게 다루어지는 내용으로, 들뢰즈는 베르그송의 영향을 많이 받아 사유를 전개해 나갔다. 이미지의 변화와 관련하여 들뢰즈는 **'의식은 공간에 펼쳐지지 않은 질적 표상이며, 물질은 공간속에서 양적으로 펼쳐진 운동이다. 다시 말해 존재로서의 물질은 양적 운동의 결과인 것이다.' 라고 언급한다.**

운동은 이미지의 흐름이자 물질 그 자체이다. 흐름이자 물질 자체이지만 그것을 인식하고 그것에 반응하는 것이 바로 우리의 '의식'이다. 이것은 이전의 주체와 이성의 이분법적 사고로는 전혀 생각할 수 없는 새로운 방식이었다. 들뢰즈에게 단순한 공간의 이동은 움직이지 않는 순간이나 특정한 위치에 추상적인 연속개념만을 추가한 것이다. 그에게 이미지는 곧 운동이며, 운동-이미지와 흐름-물질은 동일한 것이 된다. '변화'라는 것은 시간을 관통하는 가운데 물질의 흐름으로서 일종의 '운동'이 된다. 운동은 공간들 사이의 질적質的 차이인 '지속' 속에서만 발생하며, 지속의 움직일 수 있는 단편들로, 운동은 지속 자체, 혹은 전체속의 변화를 의미한다. 이처럼 베르그송의 사유 중 지속과 시간의 흐름의 사유는 시간과 관련된 기존의 사유체계를 넘어서는 개념들을 제시했고 들뢰즈에게 많은 영감을 주게 되었다.

베르그송 이전까지의 철학자들은 시간을 이성적 논리적으로 재단하듯 분석하는 것을 사유하는 것이었지만 베르그송은 한 번에 직관적으로 통찰하여 파악하는 것을 중점적으로 사유했다. 들뢰즈의 사유는 플라톤으로부터 베르그송에 이르기까지 많은 철학자의 사유에 빚을 지고 있지만 다양한 사유체계가 다채롭게 넘나드는 방법을 통해 기존의 이성적 사유를 넘어서서 후기산업사회를 좀 더 정확하게 파악하고 이해할 수 있는 세계관을 만들어냈다. 다양한 체계가 넘나들면서 새로운 것으로 분기되고 욕망을 적극적으로 수렴하는 사고는 이성의 시기 이후 이성의 밝은 부분만으로는 설명할 수 없는 인간세계의 다양한 모습들을 이해할 수 있는 훌륭한 체계와 새로운 존재론을 창조한 것이다. 조형예술분야에서 그 개념은 다양성과 복합체 등의 기계론의 사유를 통해서 새로운 것을 창조해낼 수 있는 영감을 끊임없이 불러일으켰다는 점을 주목할 필요가 있다.

'운동'과 '변화'를 중시하는 들뢰즈의 사유는 연속적인 질적 변화인 '지속'의 개념을 기억 이론 중심으로 변화시킨 베르그송의 사유로부터 많은 영향을 받는다. 유목적 움직임의 관계에서 새로운 분기를 만들어 나가며 진화하는 사유는 베르그송의 저서『창조적 진화』에서 영향을 받는다. 이 저서에서는 지속, 기억에 바탕을 둔 '진화'의 개념이 새롭게 등장한다.

사람은 모두 자기가 듣고 싶은 말만 듣고 보고 싶은 것만 본다는 말을 한번쯤은 들어본 경험이 있을 것이다. 우리 모두는 주관성을 가진 사람이기에 자연스럽게 자신의 주관적인 것에 이끌리게 되어 있다. 인간의 뇌는 한정된 기능의 용량상 모든 것을 다 수용하고 기억할 수 없다. 따라서 흥미를 끌고 자신과 관련된 정보만을 취사선택하고 필요 없는 것은 그대로 흘려보낸다. '기억'을 한다는 것은 우리의 신체와 정신에 동시에 작용하여 나타나며 이것을 연결 짓는 시스템이라고 베르그송은 생각했다.

기억은 '신체 활동이나 언어적 습관을 통한 기억'과 아무런 노력 없이도 '자연스럽게 떠올려지는 이미지의 기억'으로 구분한다. 아무런 노력 없이 자연스럽게 떠올려지는 것은 심리적인 것과 불가분의 관계가 있고 그것은 잠재적으로 우리의 내면에 자리 잡고 있는 순수기억의 작용이다. 의식의 흐름기법(자동기술법)으로 쓰인 형태의 문학 및 예술품은 바로 이러한 잠재성에 바탕을 두고 있다.

인간의 신체를 통해 인식된 기억은 지속되면서 어떠한 이미지로 변화하고 그 이미지가 질적 변화를 통해 지각되는 것이 최종적으로 기억이 되는 것으로 베르그송은 개념을 정립하고 있다. 즉, 감각이라는 신경을 통해서 기억된 후에 정신을 통해 만들어지는 '이미지의 기억'과 신체의 '습관적 기억'으로 나뉘어 우리에게 영향을 미친다고 보는 것이다.

**– 베르그송의 시간개념**

실증주의적 성향의 과학은 눈에 보이는 현상을 연구한다. 그러나 베르그송은 명백하게 과학으로는 설명하기 힘든 부분, 즉 인간의 직관과 관련된 영역을 총체적으로 파악하는 것을 강조한다. 베르그송은 시간과 관련된 개념을 설명함에 있어서 과학적 태도와는 다른 '지속'이라는 개념을 만들어냈다. 앞서 언급한 바와 같이 뇌는 관심이 가거나 필요한 정보만을 취사선택하고 나머지는 흘려보낸다. 과학에서 말하는 시간은 선적인 시간이다. 과학적 방법론은 과거로부터 현재로 미래로 이어지는 시간 속에서 시간을 재단하고 분절하고 매트릭스화하고 공간화하여 판단하고 장악하려 한다. 선적인 시간은 분절된 자체의 시간이 완결되어 변화가 불가능하다.

그러나 베르그송의 입장에서 이러한 과학적 태도의 시간의 이해는 오히려 비논리적이다. 그에게 지속의 시간은 무언가로 변화하여 가는 것이다. 1초의 시간동안 24장의 프레임이 나누어져 흘러가는 영화나 애니메이션은 1초의 시간을 24등분하여 명백하게 분절시킨다. 그러나 지속의 시간은 움직임과 변화가 중단됨 없이 흐른다. 의식은 계속적으로 흐르는 것이며 잠재적인 것들과 연계되고 관계를 맺으면서 변화되는 것으로 생각한다. 직관의 영역은 바로 이러한 상황과 연결되는 부분이다. 객관적이고 논리적인 시간에서 벗어나 순수 지속에 이르기 위해서는 이러한 상식과 과학적 세계에서 벗어나 직관의 운동성 속으로 침잠해 들어가야 한다. 베르그송은 지속의 시간개념으로 하나의 생각이 구체화되는 동시에 변해가는 과정에 대해서 사유한다. 다시 말해 지속의 개념을 설명하기 위해 하나의 평면의 수면이 있고 우리의 의식은 실재하고 있는 잠재성으로 침잠하여 들어갔다가 드러나는 순간이 폭발적으로 현실에 드러나는 순간이다. 이 잠재성의 시간은 폭발의 시간인 현재와 같이 있다. 다시 말해 공존의 논리이다. 잠재되어 있는 것은 눈에 보이지 않지만 현실과 함께 공존하고 있는 것이나 마찬가지이다. '지속'은 본질적으로 잠재적 다양성(본성상의 차이가 나는 것)이 나타나는 변화의 과정이다. 기억은 이러한 다양성이 잠재성 안에서 차이가 나는 것들이 공존하는 것이다. 지속은 미래로 나아가면서 동시에 과거로 퇴행하는 동시성을 보여주고 있기 때문에 형이상학에 호소하게 된다. 차이는 부정할 대상이 아니라 긍정하고 사랑해야 할 대상이라고 베르그송은 주장한다. 즉, 그것은 다름에 대한 긍정이다. 포스트모던 시대의 다원성과 차이의 존중에 적합한 문제의식이라고 할 수 있다. 베르그송이 포스트모던시대에 들뢰즈에 의해 조명된 것은 바로 이러한 문제의식에 의해서이다.

공간은 물리적, 물질적으로 존재한다. 우리의 의식이 투사되는 지각은 공간속의 물질과 우리의 뇌 사이에서 벌어진다. 감수성과 행동과 지각이 이르는 것, 이것이 행동에 이르기까지의 간격, 이 간격에서 사건이 벌어진다. 외부의 충격에 즉각적으로 반응하는 것은 간격이 없는 행동이다. 무언가 행동으로 촉발되기 이전에 의식의 간격을 도입하는 것에 회상과 수축이 있다.
거대한 세계라는 물질 속에서 무언가의 대상은 우리의 뇌에서의 상호작용에 의해 빼내어 온다. 빼내어 오지 못하는 것은 일단 흘러가고 접혀 있다. 이것이 라이프니츠가 말하는 주름의 개념과 유사하다. 접혀있어서 눈에는 보이지 않을지 모르지만 이것은 사실상 현존하는 것이나 마찬가지이다. 눈에만 보이지 않을 뿐이다. 인식을 하고 그것이 우리에게 기억으로 남게 되는 것은 다음의 메커니즘에 의한다. 메커니즘에는 객관적 요소와 주관적 요소가 교차하는 것을 통해 주관적 기억으로 굳어지게 되어 무의식에 남게 되어 현실화가 문득문득 진행되는 부분에서 드러난다.

| | 객관적 계열 | 주관 객관의 교차 | 주관적 계열 |
|---|---|---|---|
| 일반적 특성 | 부정과 배제의 계기<br>흥미 없는 것은 흘려보냄 | 주관성, 고통의 계기 | 순수주관성 |
| 간격 개념 | 간격, 비결정의 계기(뇌) | 수용된 운동과 수행되는 운동사이의 간격 도입 | 회상-주관성<br>(기억의 첫 번째 양상) |
| 수용의 차이 | 고통스러운 부동성<br>기억에 해당 | 회상으로 가는 과정 | 수축-주관성<br>(받아들인 자극 수축 확보) |

우리가 이전의 기억을 떠올리기 위해 하는 것이 '회상' 작용이다. 기억은 현재에 지난 과거의 경험에 대한 상기작용일 뿐이다. 그러나 단순히 우리가 이해하는 기억과는 달리 '회상'은 잠재성과 관련 있다. 지각과 행동의 사이에서 회상은 현실태로서 작용된다. 우리가 어떠한 사물 혹은 어떠한 기억을 촉매 시키는 상황에 직면했다고 가정해보자. 기억은 단순히 옛날의 어떤 정보가 생각나는 것일 뿐이지만, 회상은 사물 혹은 상황을 경험하면서 생긴 이미지가 심리과정에서 결합되며 현실에 튀어나오게 된다. 우리의 지각과

뇌와 신체는 이러한 상황과 사물이 만나게 되면 어떤 계기를 통해 의식이 주체 안의 신체와 결합되어 무의식속으로 침잠하게 되면 무의식 속의 순수과거와 만나고 현실에 대응하고 실행할 수 있는 상태로 다시 튀어오르며 수축된다.

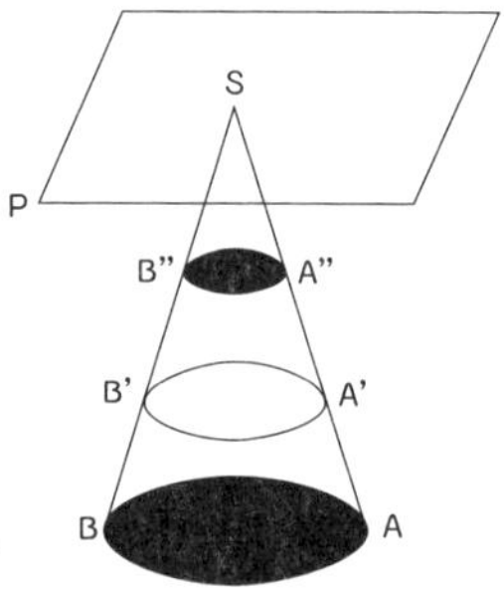


14

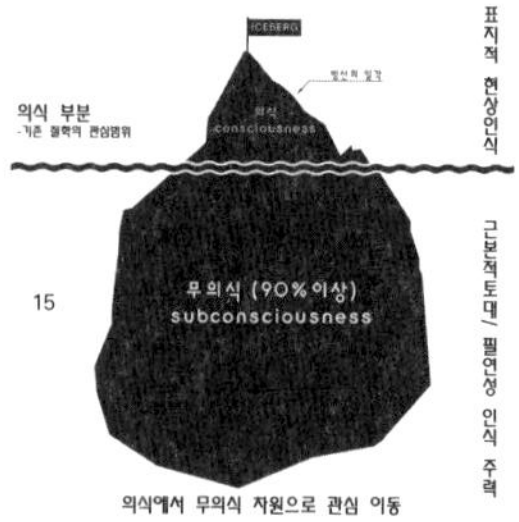


15

베르그송은 하나의 대상을 에워싸는 소용돌이를 '와류'라고 정의한다. 어떠한 사물이나 상황에 직면하면 그것을 관조하면서 회상에 빠지게 되면서 새로운 기억의 첨점을 만들어나가게 된다. 위의 다이어그램을 보면 3권에서 살펴보았던 의식과 무의식의 구조주의적 사유와 맞닿아 있다.

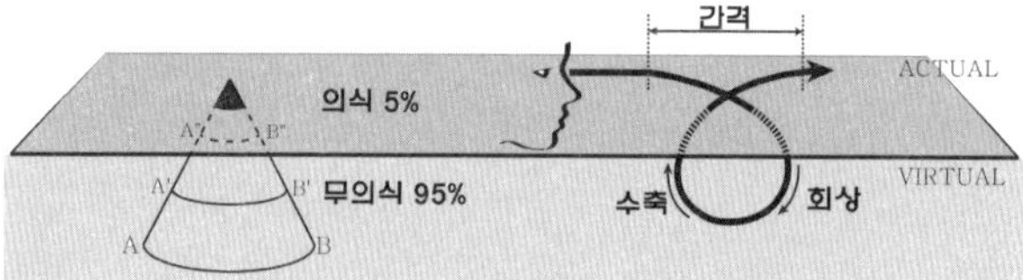


16

14. 지각의 종합 뒤집은 도해와 무의식과의 유사성
15. 인간의 의식과 무의식
16. 회상과 수축의 무의식 메커니즘

베르그송의 역원뿔을 거꾸로 하면 3권 구조주의를 언급한 바와 같이 수면 아래 가라앉은 무의식을 표현한 다이어그램과 유사하다. 기억은 좌측의 그림과 같이 무의식속의 기억들의 총체가 작용하며 현실 속에 나타난다. 기억은 주체의 기억이 지속되면서 본질적으로 잠재적 다양성을 이루게 된다. 기억의 깊이가 더욱 깊어질수록 더 깊은 과거로부터 현실의 첨점으로 떠오를 때 항상 현재와 과거의 관계를 만들어낸다. 베르그송은 '우리의 행동은 기억으로 가득 찬 우리의 지각이 과거를 응축시키는 정확한 비율로 미래를 처분할 것이다'라고 언급하고 있다.[11] 현재로 나타날 물질들의 사건적인 흐름 과정이 기억이고, 이것은 동일하지 않다. 그것은 '차이'의 지속이다. 지속이 분화되면서 생명이 있는 유기체(동물)는 내적 폭발력에 의해 생명의 욕망이 흘러나가게 된다.

니체의 생의 철학으로부터 영향을 받은 권력의지와 영원회귀론은 고정불변의 것을 사유하는 관념론과는 달리 인간세계의 변화와 움직임을 사유하는 사유로서, 라이프니츠의 모나드와 접혀지고 펼쳐지는 주름에 대한 개념과 같은 '변화'와 '움직임'을 사유한다. 스피노자는 정신과 물질이 합치되는 범신론적인 입장의 통합적 사고를 통해 물질이 정신과 결합되어 변용하며 육체와 정신의 합일을 통해 지속되는 힘에 대해서 사유했다. 흄은 극단적 회의주의를 통해 근대적 이성의 해체를 수행했고 과학이나 이성으로 객관적으로 판단하거나 만들어내는 결과물이 단순한 인상의 관념이었음을 밝힘으로써 근대적 이성의 문제점을 제시하고 새로운 시각의 철학흐름이 필요함을 인식하게 해주었다. 변화를 사유함에 있어서 베르그송은 지속, 시간, 약동 등의 사유를 통해 근대적 이성의 판단기준과는 다른 육체와 정신이 합일된 가운데 느껴지거나 인식되는 시간관과 지속의 개념을 사유함으로써 근대적 이성과는 다른 영역에서 만들어지는 생성의 사유에 대한 담론을 주도적으로 이끌었던 들뢰즈에게 많은 영향을 끼쳤다.

11) 베르그송, 같은 책, p350

## 7003 들뢰즈의 존재론

1권에서 근대철학 이후 철학자들의 자신만의 아이덴티티를 갖는 측면은 존재론을 어떻게 바라보는가에 따라 많은 것이 결정된다는 점을 언급한 바 있다. 나와 이 세계의 관계 다시 말해, '일자一者'와 '다자多者' 혹은 '주체'와 '객체'를 어떻게 보느냐에 따라 철학사유의 특성이 기본적으로 나누어진다고 언급한 바 있다.

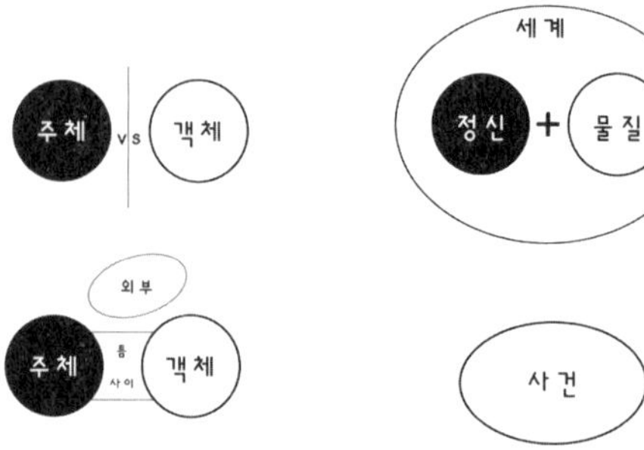

17

18

이제, 들뢰즈의 존재론과 사유체계가 독특한 점이 무엇인지에 대해 살펴보도록 하자.

들뢰즈에게 존재란 생성, 효과, 사건, 시뮬라크르(환영, 가짜)이다. 이것들은 유일한 사건이며, 생명인 동시에 죽음이다. 처음 주체가 사람이 아니라 이렇게 상기한 개념에 해당되는 키워드들이라는 문장을 접하면 매우 생소하게 느낄 것이다. 이것들은 끊임없이 관계를 맺는 것이며, 의미의 생성, 시간, 순환을 이루는 것이다. 그것은 근대적 주체와는 완전히 다른 차원의 대상을 사유한다.

근대의 주체개념은 생각하는 '나'라는 주체가 고정불변의 상태에서 객체를 바라보는 대상화된 관계이다. 그것은 마치 진공상태에서 객체를 바라보는

17. 주체와 객체를 바라보는 다양한 철학적 시각 및 흐름
18. 사건과 생성의 시뮬라크르

절대적 시선이다. 들뢰즈는 '나'라는 주체가 진정한 주체인지에 대해서 사유한다. 주체라고 생각한 것이 사실은 주체와 객체 이면에서 움직이는 환영과 욕망에 의해 형성된 것을 오인하고 있다고 그는 생각하는 것이다. 주체는 달리 말해, 이면에서 작용하는 시뮬라크르들이 만들어내는 생성, 효과, 사건 등이라고 그는 강조한다.

들뢰즈가 집중하는 대상은 근대적 주체로서는 사유할 수 없었던 구조 및 수면 아래에서 운행하는 욕동과 욕망이 만들어가는 '변화되는 무언가(사건)'를 주체로서 사유하려고 했다. 그에게 존재를 사유하는 것은 주사위를 한번 던지는 것이나 마찬가지이다. 들뢰즈에게 우연적 사건의 존재적 의미, 즉 진정한 '의미'는 단 한번만 나타났다가 사라지는 것이라고 생각한다. 그에게 사건은 심연으로부터 우리에게 불쑥 솟아오르는 것이며 전통적인 시간성을 벗어난 시간이 중요하다고 생각했다. 그것은 일반적으로 생각하면 연대기적인 것을 벗어나는 시간, 그래서 지속Durée의 시간 즉, 영원회귀의 사상이다.

그는 베르그송의 사유인 직관, 지속의 직관을 중시했는데 그것은 시간의 흐름 가운데 직관의 사고를 중시했던 것임을 함께 언급했다. 데카르트는 주체가 대상화된 객체를 한 번에 파악하는 사고체계이지만 베르그송은 과정, 도전 등 어떤 사유에 이르기까지 사유의 방법론으로서의 직관을 중시하는

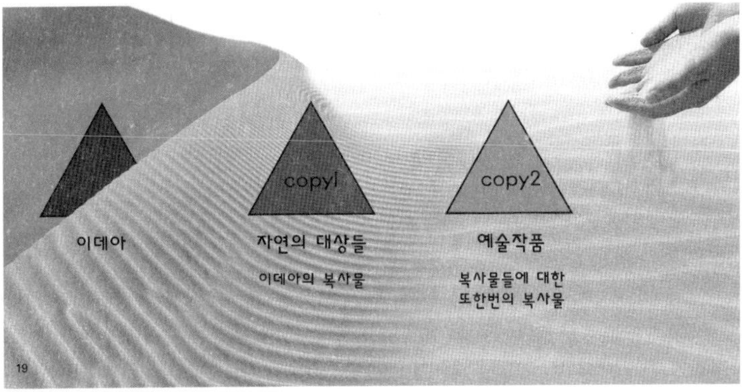


19. 이데아와 모사copy 관계의 불완전함과 시뮬라크르

체계이고 그것에 대한 담론을 진행한다. 그의 사유는 '지속되는 시간'과 함께 영원회귀가 합쳐짐으로써 끊임없이 움직이는 가운데 시간 속에서 사유하는 것이다.

앞의 그림은 이데아와 카피의 요소로는 잡히지 않는 손가락 사이로 빠져나가는 모래와 같은 요소들이 모여서 무언가를 만들고 변화시키는 움직임, 흐름을 보여주는 것이다. 그 움직임과 변화는 시뮬라르크(환영)를 만들어 내고 사건과 효과를 만들어낸다. 이것을 들뢰즈는 존재라고 생각한다. 플라톤은 이데아(Idea: 오리지날의 세계)의 세계, 패러다임의 세계, '원상'의 세계가 있고 우리세계의 모든 각각의 사물들은 이러한 원상의 세계에 대한 모사 즉 카피copy라고 했다. 이것을 우리는 감각계 즉 카피copy나 모델model의 세계라고 부른다. 들뢰즈는 플라톤의 이데아로는 생각할 수 없는 다른 차원의 벗어나는 세계가 있다고 생각했고 그것에 대해서 중점적으로 사유했다. 마치 모래를 손으로 쥐었을 때 손가락 사이로 빠져나가는 모래와 같이 빠져나가서 기존의 틀로는 포함되지 않는 세계를 바로 '시뮬라크르' 라고 그는 이야기 했다. 그는 이데아의 세계에서 벗어난 시뮬라크르가 만들어내는 세계를 중점적으로 말하고자 하는 것이다. 이성의 세계와는 다른 차원의 세계, 욕망의 세계를 통해 이성적 사유로는 설명하기 힘든 부분을 이야기하고 이해할 수 있는 철학적 체계를 만들려고 한 것이다.

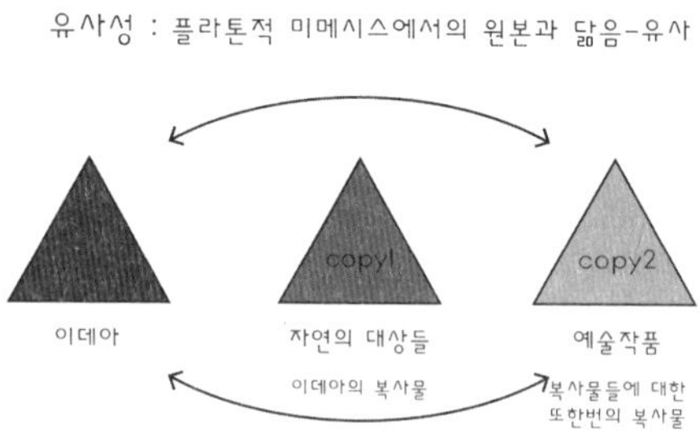


20

20. 이데아와 카피의 세계

**– 시뮬라크르의 개념**

시뮬라크르의 개념은 쉽게 이야기해서 가짜, 즉 복사물이다. 진짜가 아니라 인간의 머릿속의 관념 혹은 개념 속에 있는 것을 현실에 가짜로 복제하여 만들어 낸 것을 의미한다. 들뢰즈적으로 이야기하면 순간적으로 생성되었다가 사라지는 우주의 모든 사건 또는 자기 동일성이 없는 복제를 가리키는 철학 개념이다. 그래서 시뮬라크르는 그 어떤 형상, 존재, 가치도 없으며 더 나아가 형상이나 모델을 따르는 모방마저도 없다. 시뮬라크르는 유사함이 배제된 이미지에 해당된다. 앞서 이야기하고 그림으로 설명한 바와 같이 시뮬라크르는 플라톤의 이데아와 그것을 재현하는 것, 예술로서 혹은 사물로서 재현하는 물질 등이 모두 이데아와 그것의 모사(카피)로서 재현되는 것이라고 생각했다. 그러나 들뢰즈는 그것으로는 설명할 수 없는 것 즉 모래를 쥐면 손가락 사이로 흘러나와 새로운 무언가를 만드는 이면의 무언가를 사유했다.

신은 자신의 이미지와 자신과의 유사함을 따라서 인간을 창조했지만 인간은 죄로 인해 신의 이미지를 가지면서도 그와의 유사함을 잃어버렸다는 이야기는 신의 복사물이지만 신의 속성으로는 말할 수 없는 무언가를 통해 유사성이 아닌 차이를 보이는 무언가로 분기되어 있다는 것을 말하고 있다.

20-2

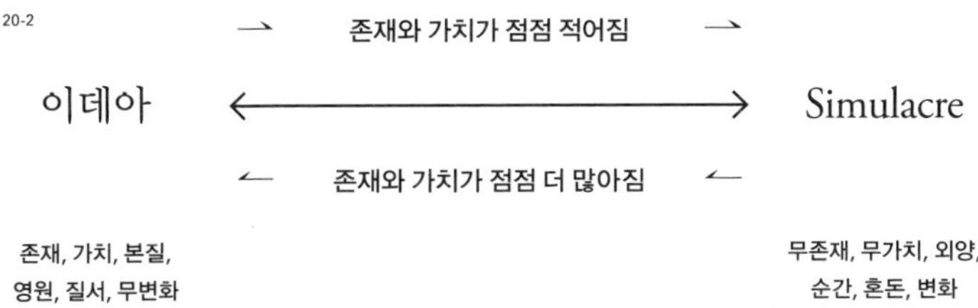


그는 플라톤적인 상황은 이성적인 것에 비중을 둔 것이며 무언가 모으고 분류하는 편집증적인 성향을 지닌다고 생각했다. 그러나 그가 주목하고 추구

20-2. 알랭 바디우, 들뢰즈-존재의 함성, 박정태 역, 이학사, 2001, 부록 설명 이미지 인용

했던 것은 디오니소스와 같은 분열증의 세계이다. 분열증을 통해 나타나는 인간의 파토스pathos. 즉, 자유로운 창조적 성향을 추구하는 것은 앞서 살펴본 니체의 주장과 비슷함을 느낄 수 있을 것이다. 그것은 구조로서는 말하기 힘든 요소들(카오스, 욕동, 힘, 주변부의 것들)을 사유하고 복권시키고 드러나게 하려는 후기구조주의의 흐름과 맥을 같이 한다. 앞서 언급했던 주사위를 한번 던지는 것과 같다고 한 것은 기존의 주체개념과는 다른 영역, 이면에 있는 시뮬라크르의 잠재적 요소들이 움직이는 것과 유사하다. 물방울과 같이 혹은 미세한 입자들이 모여 수면에서 혹은 표면에서 마치 아지랑이와 같이 작은 섬광을 일으키며 반짝하는 것과 같이 존재와 사건은 그런 식으로 나타나는 시뮬라르크의 운동과 관계된다.

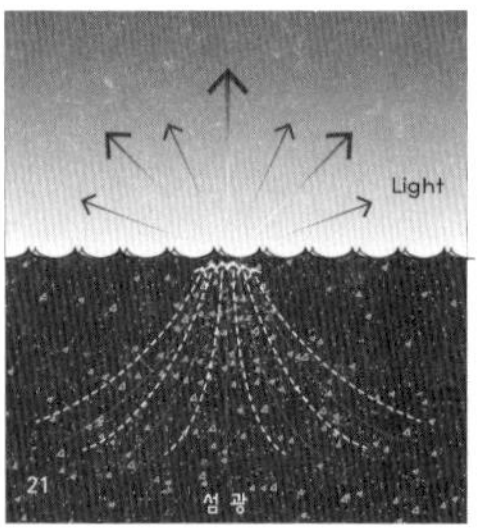


들뢰즈에게 있어서 존재는 특이하게도 주체나 객체의 범주가 아니라 생성, 효과, 사건, 시뮬라크르 이런 것들이 존재라고 언급한바 있다. 또한 들뢰즈에게는 시간성을 벗어나는 '지속'의 시간이 중요하게 취급되고 있다. 베르그송의 영향을 엿볼 수 있는 대목이다. 또한 연대기적인 시간을 벗어나는 시간이나 지속과 영원회귀의 시간이 중요하다. 여기에서 영원회귀의 시간은 니체에게 영향을 받은 것이다. 영겁의 시간 속에서 계속해서 순환하는 가운데 닫힌 원이 아니라 열려 있어서 모든 것을 수용가능한 상태의 것이다. 그래서 존재는 계속해서 순환하고 닫혀있는 구조가 아니라 열려있는 구조 속에서 변화되어 가는 움직임을 중요하게 생각했다.

22

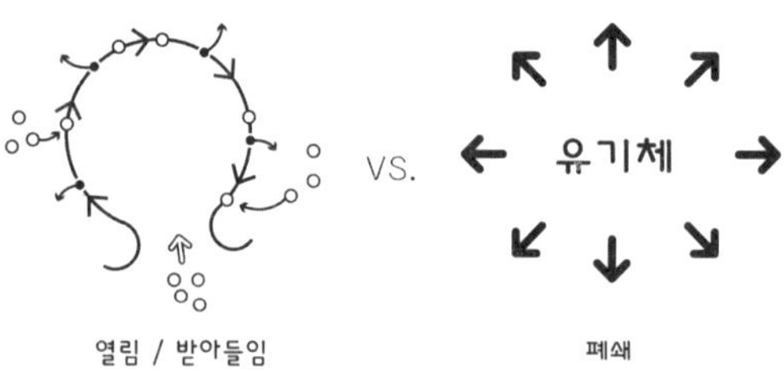


21. 생기적 관점의 찰나적 섬광과 생성
22. 들뢰즈의 존재론과 유기체

그의 존재론과 관련되는 사유를 정리하면,

첫째, 그는 하나一者의 존재개념을 반대했다. 둘째, 반 폐쇄적(열려있는 것)이다. 셋째는 순환Cycle되는 것을 중시했고 비 중심화를 사유했다. 일단 무언가 고정되어 표상되고 서술 가능한 것은 닫혀져있는 것이다. 그것은 폐쇄되어 있어서 무언가를 받아들일 수 없다. 그는 무엇이라고 서술 가능한 것은 이미 동일화되어 고정되고 폐쇄적인 것이라고 생각했다.

예를 들어 보자. 한 문장으로 정리될 수 있는 'A는 B이다.(A=B)' 라는 문장은 닫혀있는 것이다. A는 B라고 한정하는 것이다. 해체주의식으로 설명한다면 글쓰기가 되는 그 시점에서 무언가 부족한 대리보충의 세계에 끊임없이 빠지는 것과 같이 이것은 무언가 부족하거나 문제가 있고 고정되어 폐쇄적이라고 생각한 것이다. 데리다 역시 이러한 문제점에 착안했다. 그러나 들뢰즈는 글쓰기의 한정적인 부분에서 생기는 근본적인 문제점에 집착하지 않고 그것을 넘어서려고 하는 추진력과 힘, 그리고 욕망에 주목했다. 그는 이러한 동일화와 계열화된 것에 반대하여 움직임, 변화, 생성을 제시하는 것이다. 여기서 비중심화라고 하는 것은 안쪽으로 향해 있는 것이 아니라 바깥으로 향해 열려 있는 것이다. 그만큼 개방적이고 많은 것들이 쉽게 들어오고 나오면서 관계를 형성하여 새로운 무언가가 될 수 있는 가능성이 열려있는 사고이다. 달리 말해 그것은 비중심화된 사고로서 어디로 향할지 알 수 없으며 바깥으로 향해 펼쳐지는 사유를 지향하는 사유이다. 이처럼 들뢰즈의 사유는 새로운 것을 생성시키는 부분을 사유하고 있기 때문에 끊임없이 새로운 것을 창조하고자 하는 예술과 친화력이 있다.

## 7004 들뢰즈 사유의 주요개념

### – 직관 Intuition

들뢰즈가 생각하는 직관은 베르그송의 직관으로부터 영향을 받은 것으로, 이것은 지속의 직관이고 시간의 흐름 가운데 직관하는 것이다. 데카르트는 주체와 객체의 분리를 통해 시간의 개념 없이 한 번에 파악하는 것이지만 베르그송에게 있어서 사유는 과정이며 도전이고 어떤 사유에 이르기까지의 철학적 사유의 방법론을 말한다.

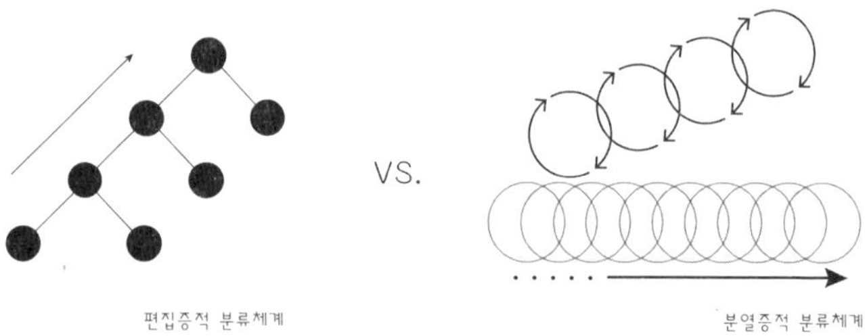


23

그의 사유는 다양성을 인정하는 것이며 차이를 인정하는 것이고 반매개적인 방법론이다. 매개媒介가 있다는 것은 변증법적인 정, 반, 합의 과정을 통해 성장 발전하는 단계를 가진 방법론을 의미한다. 1권에서 살펴본 바와 같이 매개가 있다는 것은 정, 반, 합과 같은 변증법적 체계에 따른 방향성이 있다는 것이지만 그의 사고에는 매개적 특성이 없으므로 방향성과 목적성이 없다는 특성이 있다. 그의 사유는 자연스럽게 역사상의 축이 존재하는 변증법적인 목적론적 사고관과는 다른 것이며 그것을 초월하는 사유체계라고 할 수 있다. 그래서 그의 사유체계는 반목적적, 반전체주의적, 반 획일적이라고 평가된다. 이러한 그의 사유의 성향으로 인해 모던의 특징이라고도 할 수 있는 진보를 향한 방향성이 있는 헤겔의 목적론적 사유체계, 마르크스의 진보사관을 벗어난 것이라는 평가를 받기도 한다.

들뢰즈에게는 한정되는 폐쇄적인 특성을 넘어서면서 욕망을 사유하기 때문에 자연스럽게 사유의 중심이 관계의 접합방식에 집중되었다. 관계의 문제는 이성의 시대의 사유방식과는 매우 다르다고 할 수 있다. 들뢰즈는 존재가 카피copy와 시뮬라크르의 세계를 끊임없이 오가는 것으로 생각했고 표면

23. 목적론적 방향성의 사유와 순환의 사유의 차이

에 시뮬라크르가 드러나면서 사건과 효과가 생성되는 것으로 생각했다. 객체는 객체화되는 과정을 의미한다. 또한 들뢰즈에게 있어서 존재는 다름 아닌 관계라고 달리 말할 수 있다. 관계들이 사건과 효과를 생성시키기 때문이다.

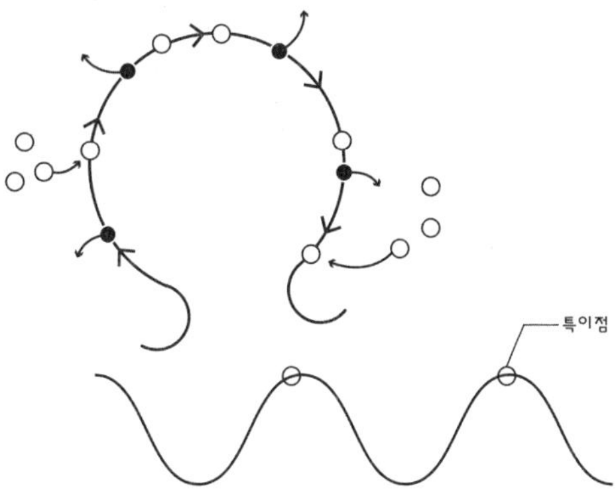


24

들뢰즈가 말하는 개념 중 '공통감각'이 있는데, 공통감각이라는 것은 일정한 방향을 가지고 있다. 그것은 양식 내지 상식common sense을 만들어내는 '동일성'의 세계이다. 일반적으로 상식이 지배하는 세계는 많은 사람들이 옳다고 생각하거나 바람직하다고 생각하는 방향으로 인식되어 그렇게 생각하고 행동하는 것이 자연스러운 것으로 받아들여지는 곳이다. 따라서 상식의 세계는 동일성의 세계이고 이것에 벗어나는 것은 비상식적인 것으로 지탄의 대상이나 이상한 것으로 간주되기 쉽다. 이것에서 벗어난 것을 중요한 것으로 사유하는 들뢰즈에게 파라독사Paradoxa는 역설을 의미하며 이것은 하나 이상의 방향성을 가지고 있는 것이 바람직한 것이다.

그는 be동사를 중시하지 않는다. '나는 무엇이다' 라고 했을 때 '나=무엇' 이라는 주체와 객체화의 등식 관계가 생겨나게 된다. 이것은 다른 말로 하면 이 시리즈에서 지속적으로 다루었던 존재론과 관련된 주제인 주체와 객체

24. 열린 구조와 순환의 사이클

와의 관계에서 사유되는 또 다른 동일성의 사고의 폐해 속에 포섭되는 것으로 생각할 수 있다. 또한 이렇게 된다면 '하나의 의미'로 정의되어 폐쇄적이고 고정적인 무언가가 되어 변화할 수 있는 여지가 없다. 그래서 그는 be동사 대신에 접속사가 계속해서 관계를 새롭게 만들어나가면서 변화될 수 있는 과정을 위한 접속사적 관계를 생각했다. 관계는 계속해서 순환하면서 탈중심적으로 관계를 만들어나가게 된다. 열려져 있으면서 다른 것과 관계를 맺어나가고 있는 것이다. 따라서 그가 생각하는 순환은 원의 테두리가 있는 것이 아니라 테두리가 없는 가운데 열려있으면서 순환하는 것이다. 이런 관점에서 들뢰즈에게 유기체란 하나의 완결된 생물체이기 때문에 닫혀있는 것이다. 오히려 기계는 다른 부품들이 자연스럽게 결합하면서 새로운 무언가가 될 수 있는 잠재성이 있다. 그런 면에서 들뢰즈는 유기체보다는 '기계'를 더욱 열려있는 체계로 보았다.

그에게 순환은 작은 순환과 큰 순환이 있는데, 작은 순환은 바깥으로 향하면서 동일한 것이 들어오지 않는 것을 의미한다. 동일성의 포획에 포함되지 않으면서 새로운 관계를 통해서 계속해서 차이를 만들어나가는 것을 말하는 것이다. 큰 순환Grand Cycle을 푸코식으로 말하자면, 각 지식의 체계는 시대적으로 단절되면서 새로운 양상으로 나타나게 된다고 했는데, 전체적인 큰 시점으로 보게 된다면 지식들이 지층의 형태를 띠고 있는 것처럼 다른 차이의 요소들이 계속해서 순환되면서 다르게 나타난다고 본 것이다. 지식은 지층의 형태를 띠고 있다. 인식의 체계는 지식의 체계이며 안정적 형태로 되어 있다. 지식의 형태가 넘어가는 것, 그것은 새로운 시대가 되는 것을 의미한다. 권력은 지층을 형성하지 않는다는 것이 푸코의 생각이다. 시간은 지속과 영원회귀의 현상이 맞물려서 나타나는 것이다. 그것은 시간에 따라 관계가 되돌아오는 것, 곧 주름을 의미한다.

# 들뢰즈 주요 저작의 논점

## 7005 주요 저작『의미의 논리』의 주요 내용

들뢰즈의 사유체계로부터 시각예술 및 조형관련 계열에 지대한 영향을 끼치고 있는 저작이 있다. 노마디즘과 함께 주목을 받고 있는 저서는 단연『천개의 고원A Thousand Plateaus』이다. 여기서 천개의 고원이란 다양한 학문분야나 세상의 다양한 담론들을 의미하며 그 고원이 다양하게 섞여 들어가며 새로운 복합체의 담론을 만들어나가고 그 과정에서 새로운 의미가 만들어지는 것을 상징한다. 그의 철학을 흔히 차이의 철학, 사건의 철학, 탈주의 철학, 유목의 철학, 생성의 철학이라고 한다. 그런 의미에서 이 책은 예술분야에 다양한 영감을 제공하는 매우 상징적인 저작이다. 그러나 사실, 들뢰즈의 진정한 사유체계를 이해하는데 오히려 오해를 많이 양상시킨 저작이라고도 말할 수 있다. 그의 사유체계를 가장 잘 알 수 있게 만드는 주요 저서로는『의미의 논리』,『차이와 반복』등을 들 수 있다. 특히『의미의 논리』는 68년에 발표된『차이와 반복』과 함께 들뢰즈의 대표적인 저작이다. 사건과 차이가 존재라는 내용을 전개하는 그의 사유는 이후 욕망의 개념으로 변화하게 되었다. 들뢰즈의 사유는 '스피노자주의'라고도 한다. 이것은 표상에서 벗어난 사유이고 다른 말로 하면 언어학이나 기호학, 정신분석학의 구조주의적 사고의 한계를 벗어나는 사고라고도 할 수 있다. 들뢰즈는 언어학과는 다른 방식의 의미를 가지려고 노력했고 이것의 결실이 그의 주요 저작 중 하나인『의미의 논리』라는 저서로 등장하게 되었다.

『의미의 논리』의 주요내용을 살펴보면 다음과 같다.

우리가 생각하는 '의미'는 보통 정의를 내리면서 만들어지는 것이다. 들뢰즈를 살펴보기 이전에 데리다의 사유에서도 무언가 정의를 내리듯 문장을 기입하는 순간 문장의 근본적인 문제로 인해 대리보충의 세계에 빠져서 악순환을 거듭하게 됨을 함께 사유해본 바가 있다.(5권 p.32) 이전에도 언급했듯이, 어떤 것을 우리가 질문하고 설명할 때 사실은 "이것은 무엇인가?" 혹은 "그것은 어떤 의미야?" 하고 물으면 '그것은 무엇이다.' 라고 의미를 한정하여 이야기한다. 이 과정에서 무언가에 대한 의미를 설명하게 되는데 이것은 고정되고 폐쇄적인 것이라고 전술했다. 고정되는 것을 지양하고 들뢰즈는 열린 관계 속에서 변화해가는 것들을 사유하려고 했던 것이다. 들뢰즈에게 의미라는 것은 결국 관계들 사이에서 나타나는 사건 속에서 생성되는 것이다. 그것은 새롭게 배치된 요소들의 관계 가운데 새로운 의미가 생성되고 계속해서 새롭게 변화해나간다는 것이다. 그래서 들뢰즈는 항상 변화되어 나가는 과정을 중시했다. 연결의 접속을 통해서 변화하는 과정이 핵심이라고 생각하는 것이다.

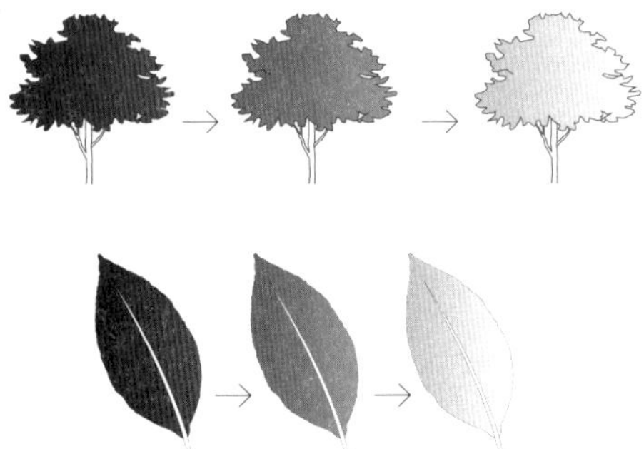

25

예를 들어보도록 하자. 그의 사유에서 중요한 것은 '이 나뭇잎은 초록색이다.' 와 같은 단정적인 문장이 아니다. 즉 'These tree leaves are green'이 아니라 '이 나무는 초록색으로 변화되어 가고 있다.' 다시 말해, 'These tree leaves are becoming green', 혹은 'These tree leaves are turning into green'이 정확한 표현이다. 흐름의 전체를 이야기 해주는 문장을 중시하는 것이다. '이 나무는 초록색이다'는 나무가 초록색이라고 단정하고 한정짓는 것이다. 나뭇잎

25. 그림 나무의 변화와 열린 구조의 끊임없는 변화

의 색은 몇 가지일까? 사계절을 생각했을 때 나뭇잎은 다양한 색깔로 끊임없이 변화해 나간다. 봄에는 새순이 돋아나면서 밝은 연두색에 가깝다가 점점 여름이 되어가면서 푸른색에서 짙은 녹색으로 변하다가 가을이 되면 갈색계열로 변하거나 빨간색 계열로 바뀌다가 잎이 지게 된다. 계속적인 변화의 과정이다. 들뢰즈는 초록색으로 변화해나가는 과정을 중시하며 사유한다. 따라서 그에게 근대적 '주체' 역시 끊임없이 외적변수에 의해 변해나가는 것이므로 고정불변의 형이상학적 '주체'를 거부하는 것이다.
우리나라 사람은 혈액형으로 사람을 판단하는 경향이 강하다. "너는 매우 소심한 A형이야!", "B형 남자는 까다로워!" 라고 어떤 사람을 단정하고 한 순간에 그를 판단한다면 어떤 상황이 벌어질까? 만약 그 사람이 A형의 혈액형의 소유자이지만 일반적으로 A형이 가지고 있는 성격이라고 여겨지는 특성과는 전혀 다른 성격과 기질을 가지고 있다면 어떻게 되는 것일까? 그에게는 그렇게 단정되는 순간 새로운 가능성의 관계와 평가가 닫혀져 버린 것이나 마찬가지이다.
그래서 들뢰즈는 해석학 및 현상학을 비판한다. 그에게 있어서 의미는 무언가의 명제가 설명되는 부분이다. 동시에 사물들의 상태, 명제 그 자체, '사건'을 의미한다. 이런 식의 태도는 존재를 바라보는데 있어서 기존 철학계의 방식과는 근본적으로 다른 측면이다. 서구 근대사상의 주체와 객체를 나누어 대상화시켜 바라본 사유와 주체와 객체를 통제하여 생각하려고 했던 현상학, 근본적 구조를 생각했던 구조주의적 시각, 그리고 시간과 지속의 변화과정과 사건 자체를 존재로 생각하는 것은 분명 많은 차이가 있다고 할 수 있다.
문법에서 명제에는 첫 번째로 지시에 해당되는 이것, 저것, … 어제, 지금, (그러나 내일은 지시의 대상이 아니다)등과 현시顯示를 나타내는 나, 내일, 다른 곳 등의 요소들이 있으며 의미화는 '무슨 뜻이야?' 함축, 그래서 삼단논법은 정의에 의해서 다른 정의를 드러내는 것이다.

사건은 표면의 효과를 설명해주는 역할을 수행한다. 이것은 일반적으로 설명하기는 힘든 사건들을 이야기한다. 사건은 무언가 잠재적으로 숨어있던 문제들이 돌발적으로 수면위로 드러나면서 발생한다. 달리 말해 그것은 '정지된 효과'이고 의미는 그것은 '구조를 뚫고 나오는 순간의 표면 효과'라고 말할 수 있다. 그것은 들뢰즈가 말하기로는 어떤 것Alquid 즉, 사건을 이야기한다. 여기서 '어떤 것'은 변화되고 생성되는 모든 것이다. 사건은 시공간에서 부딪쳐서 일어나게 되며 포괄할 수 없는 어떤 것을 의미한다. 그것은 마치 유동적으로 주물을 뚫고 나가는 붕어빵의 '질료와 같은 무엇'이다. 부유하는 기표는 권력으로서 훔쳐진 편지가 대표적이다. 라캉은 비어있는 칸을 이러한 권력으로 생각했고 이것은 이미 '비의미非意味'로 자리 잡고 있었던 것이다.

흔히 플라톤은 편집증적이고 디오니소스는 분열증적인 측면이 강하다고 설명한다. 절대정신으로 이르는 목적론적 사고는 주위의 모든 것을 모아 종합해서 하나의 결과로 나아간다. 그러나 디오니소스(바쿠스, 술의 신)의 파토스적인 파괴적 욕망은 분명히 분열적인 측면이 있다. 그것은 하나의 목적으로 나아가는 것이 아니라 분열되는 가운데 접속사에 의한 관계로 파열적인 욕망의 흐름을 만들어낸다. 들뢰즈에게 존재는 '관계'로부터 생성되는 무엇이다. 따라서 be동사가 아닌 접속사에 의해 계속되는 덧붙임 가운데 새로운 관계가 생겨나고 새로운 사건과 함께 의미가 생성된다. 따라서 관계는 원형을 이루는 탈 중심적 순환구조cycle를 이루고 닫혀 있는 것이 아니라 열려져 있어서 외부의 힘과 관계들이 자유롭게 의도에 의해 접속될 수 있다.

사건은 바라보는 사람이 어떻게 그 사건에 대해서 바라보고 정의하느냐에 따라 의미가 달라진다. 사건은 보는 사람의 시각과 외적 변수들의 관계에 의해서 얼마든지 의미와 내용이 바뀔 수 있기 때문이다. 그래서 '사실'과 '사건'은

26. 영화 라쇼몽의 시각적 차이와 다른 결과

차이가 발생할 수 있다. 예를 들면 영화 『라쇼몽』의 경우 하나의 팩트fact에 대해서 각 그 팩트를 사람들이 어떻게 해석하고 받아 들이냐에 따라서 그 사건은 전혀 다른 사건의 모습으로 다가오며 기억되고 회상될 수 있다.[12] 양식이나 상식은 의미의 다양한 가능성을 제한하고 계열화시키는 단점이 있다.

프랑스어 '양식bon sens'이라는 단어에서 bon은 방향을 의미하고 sens는 의미의 뜻을 가지고 있다. '사건화'가 되는 방법론은 주어진 의미를 변화시키고 새로운 의미를 창조하는 것이다. 그것은 욕망과 혁명을 동일선상에서 놓고 사유하는 것이기도 하다. 욕망은 니체의 권력의지(욕망의 의지)를 나타내는 것이고 그것은 '생의 철학'으로 이야기 된다. 달리 공식으로 표현하면 dx=d(방향)×X(힘, 욕망)를 말한다. 욕망은 활동을 만들게 되는 추진력을 의미하고, 힘은 그것을 실행하려는 에너지를 의미한다. 사건화의 방법은 주어진 의미를 변화시키는 것이고 새로운 의미를 창조하는 것이다. 욕망은 일종의 배치와 관련된 문제이다. 무언가 한 무리를 폭력적으로 분류해서 속하게 하는 계열화의 양식과 대결하는 것, 그것이 바로 역설paradoxa이라고 할 수 있다. 새로운 계열화의 선을 그리는 것과 새로운 사유의 가능성을 여는 것이 바로 들뢰즈가 생각하는 '의미의 논리'이다. 그것은 어떤 힘(욕동)을 가지고 무언가의 방향으로 펼쳐지는 운동과 변화와 생성을 사유하는 개념이다.

27

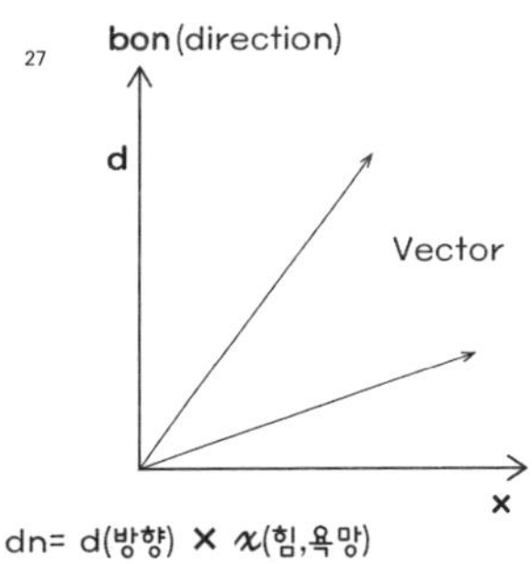


욕망은 따라서 나와 관계되는 것, 나와 그것들의 관계에 의해 속하게 된다. 욕망은 권력이고 욕망이 어떤 상태를 유지하고 그 상태의 동일성을 지속하려는 힘이 될 때, 권력(학교, 공장, 가족, 예술 등… )이 된다. 관계는 배치의 단순한 위치 변화에도 크게 다르게 될 수 있는 가능성이 있다. 이것은 또한 가변성을 향해 열려있음을 의미하기도 한다.

12) 1950년 구로사와 아키라 감독 작품. 라쇼몽(나생문羅生門)이라는 폐허가 된 문 아래에서 비를 피하는 나무꾼, 승려, 평민이 한 사건에 대해서 이야기하면서 시작되는 영화로, 똑같은 사건을 보았다고 할지라도 개개인마다 주관적인 관점으로 사건을 바라보고 기억하게 되는데 사람들은 자신이 믿고 싶은 대로 기억하므로 사람마다 상반되는 해석이 나타나는 현상을 라쇼몽은 잘 보여주고 있다.

27. 양식bon sens의 개념

들뢰즈에게 있어서 의미는 잠재성과 실재성을 이해하기 위해 선행되는 고찰과정이다. 들뢰즈는 '의미'와 '의미 없음'(무의미)과 '비의미'를 나누어 개념을 설정했다. '비의미'는 일반적인 의미와 비의미의 관계가 아니다. 그것은 '의미 있음'과 '의미 없음' '사이의 무엇'이다. 이해하기 쉽게 다시 말하면, 무의미는 의미자체가 없는 것이고, 비의미는 의미로서는 설명하기 힘든 무언가 다른 것들이 모여서 만들어내는 것, 무언가 이면에서 흐르는 다른 차원의 의미라고 구분하면 편할 것이다.[12-2] 그의 사고는 사이의 것에 속하는 잠재적인 것에 집중한다. 반드시 실제로 드러나서 현실화되는 잠재적인 것, 그러나 아직은 드러나지 않는 것이다. 욕망을 통해 현실화되는 방향성의 욕망과 힘을 내포하고 있다.

**– 잠재태**Virtual**와 현실태**Actual

들뢰즈에게 있어서 존재는 사건, 효과, 생성 등과 같은 움직임과 변화로 설명이 가능하며 그는 이러한 변화의 메커니즘을 설명하기 위해 잠재태와 현실태의 상호 순환작용과 이행과정을 중점적으로 사유했다. 이러한 순환과정은 서로를 기다리고 보완하면서 상호 이행하는 역할을 한다.

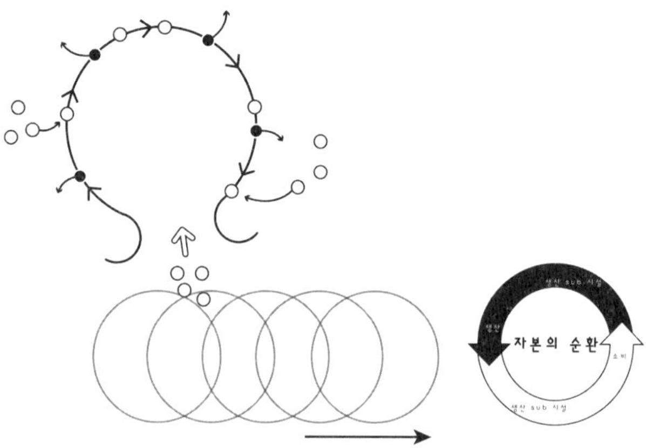


28

28. 자본의 집적과 순환과정

12-2) 의미의 체계로 잡히지 않고 이면에서 움직이며 운행하는 시뮬라크르의 개념과 유사하다.

이처럼 잠재태와 현실태는 세계의 삼라만상이 변화되어가는 양상의 논리를 설명한다. 잠재적 상태는 특정한 모습으로 현실화되지는 않았어도 현재의 다른 사태들에 영향을 미치고 변환시킬 수 있다는 점에서 현재와 공존하는 실재이자 순수기억의 차원으로 표현한다. 가능성은 구체적인 실재의 이미지를 단순히 과거로 되던져 근원을 상정하는 실재의 재현에 바탕을 둔 습관적 기억이라고 할 수 있다. 쉽게 이야기 하면, 단순 기억에 근거하여 자기가 되고자 하는 것의 카피수준을 벗어나기 힘들다는 이야기이다. 동일한 것이 될 수는 있어도 분기되어 새로운 차이를 만들어 내는 변종이 될 수는 없다. 무한한 잠재성을 지니고 있다는 의미는 달리 말해, 풍부하게 흐르는 감각이 이면에 존재하고 있으며 '근대의 주체'가 부정하거나 무시했던 것이 이면에서 활동하여 복권되고 있는 움직임과 기억이다. 한편 후기자본사회의 특성을 잘 반영한 사유라고 평가되는 들뢰즈의 사유는 생산과 소비의 순환과 다양성을 포함하여 이면으로부터 재구조화되어 안정화되는 자본의 특성을 상징한다.

잠재성virtuel은 가능성possible과 구분된다. 가능성은 현실성actuel을 가질 수는 있지만 실재성을reel을 가지지 않으며, 잠재성은 현실적이지 않지만 잠재적으로 실재성을 가지고 있다. 가능성은 무언가 동일하게 카피될 수 있다. 실재성은 잠재적으로 숨어있는 요소들이 외적변수의 구성에 따라 양태를 달리 하며 새롭게 분기되어 차이가 나타난다. 좀 더 쉽게 이야기하면 가능성은 이미 무언가가 되어 있는 것을 보고 똑같이 되고 싶다는 욕망을 가지고 있는 것이 실재화된 것이다. 다시 말해, 똑같은 것이 되어서 동일화되고 계열화되는 것이다. 들뢰즈에게 계열화되어 분류될 수 있는 무언가가 되면 이미 폐쇄적인 죽은 것으로 간주된다. 그러나 현실화는 잠재되어 있는 것이 현실화되는 과정에서 분기와 차이의 과정을 이루어 새로운 무언가가 되는 창조의 과정을 거치게 된다.

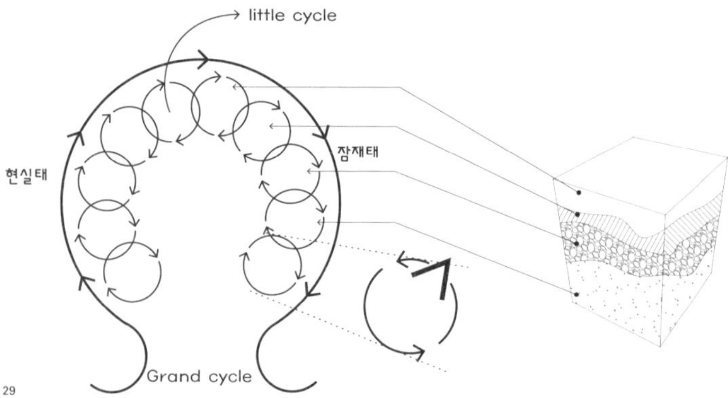

29

푸코가 언급하는 '지층'의 개념은 헤겔의 매개를 통한 목적론적 진보적 세계관과는 차이가 있는 것이었다. 무언가의 변화와 흐름은 하나의 지층을 만들고 그것은 하나의 층이 되어 있기 때문에 이전의 것과는 분명한 차이가 있으며 연결되지 않는다고 주장한다. 하나의 흐름은 잠재태와 현실태가 상호 순환하면서 하나의 사이클을 이루게 되고 그 사이클은 하나의 지층을 이루게 된다. 예를 들어 하나의 정권이 수립되고 정치를 수행해나가며 시대정신을 수립하고 정점을 지나 점차 레임덕 현상에 시달리며 새로운 시대를 예견하며 잠재적 영역으로 들어갔다가 새로운 정권이 수립되면 그 전의 정권은 하나의 지층이 될 것이다. 경제도 이와 유사하다.

경제의 영역에서 생산과 소비의 순환주기는 새로운 지층을 만들고 그것이 그 시기를 구분하는 하나의 트렌드를 형성시킨다. 패션의 예를 들어보자. 패션은 점점 그 순환주기가 빠르게 돌아가고 있다. 하나의 트렌드를 형성하는 패션업계의 경향은 그 시대를 빠르게 간파하고 새로운 패션을 선도하며 생산을 주도하고 소비하게 한다. 일정정도 유행이 이루어지고 소비가 이루어지면 다시 잠재적 영역으로 들어가 새로운 트렌드를 이끌 경향을 기다리게 된다. 그 트렌드는 특정시기의 트렌드로 또 다른 지층이 된다.

29. 잠재태와 현실태 그리고 지층의 형성

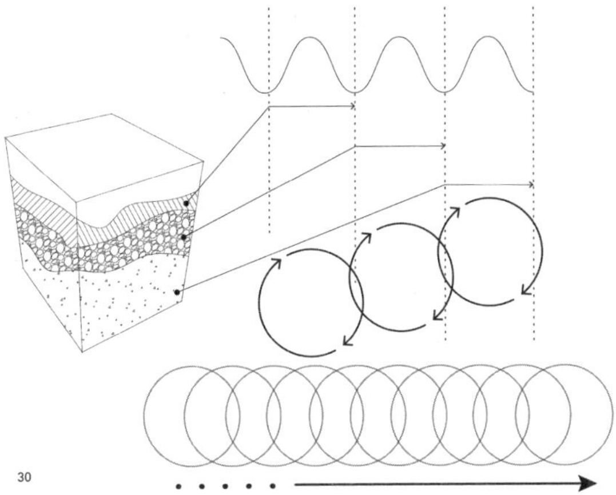

30

이제 가능성과 잠재성의 차이점에 대해서 살펴보도록 하자. 예를 들어 '나는 훌륭한 선생님이 될 거야' 라는 결심을 하고 열심히 노력하면 선생님이라는 사회적 위치의 목적을 성취할 수 있을 것이다. 이것은 가능성이 있는 사람이 노력해서 가능성을 이루는 것이다. 그러나 그것은 동일화에 포섭되는 것이다. 어떤 사람이 학교 다닐 때 존경하던 선생님을 롤모델로 하여 노력하여 선생님이 되었다고 가정하자. 그렇다면 그는 그 선생님이라는 모델에 종속되어 있는 것이나 마찬가지이다. 그의 모델을 향해 노력하면서 그 모델에 한정되는 모습으로 포섭된 것이다. 그러한 영향 하에 성장한 학생이 그 선생님의 모습에서 쉽게 벗어나 새로운 역할 내지는 새로운 모습을 보여주기는 거의 힘들다. 그러나 이와는 달리 잠재성에서 '현실화'가 되는 것은 눈에는 보이지 않지만 이미 질적 변화, 질적 다양성으로서의 지속이 이루어지며 그것이 현실화되는 한에서 잠재적이기 때문에 실재성을 띠면서 현실화되면 그것은 잠재성이 충만한 실재라고 이야기한다. 그것은 어디에서 본 듯한 느낌이 아니라 마치 외계에서 뚝 떨어진 듯한 변종의 것이며 가능성의 동일화에서부터 나올 수 없는 것이다. 그것은 전혀 다른 느낌의 것이다. 이

30. 지층을 가로지르는 운동과 잠재성의 순환과정. 거시적인 경제의 상승과 하강이 만들어내는 사이클은 경제의 지층, 시기 및 시대의 지층을 만들어낸다. 주식시장 역시 마찬가지이다.

러한 물적 드러남의 현상을 가능성/실재화, 그리고 잠재성/현실화이라는 2개의 대립항을 설정할 수 있다. 즉, 가능한 것은 현실화되어 실재로 되는 것이고, 잠재적인 것은 분기되어 '차이'로서 실재화되어 현실로 나타나게 되는 것이다. 예를 들어 성공한 기업인이 있다고 하자. 또한 독재에 성공한 어떤 지도자가 있다고 가정하자. 한국 역사상 근대화 과정에서 신화적인 인물들이 몇몇 있으니 그들을 각자 예로 설정해보자. 잠재성이 풍부했던 이러한 인물들에게 만약 다른 외적 변수가 주어졌었다면 그들은 또 다시 다른 변수들을 이용하여 다른 분야에서 다른 방식으로 성공해 있었을 것으로 가정할 수 있다. 그들은 어떠한 여건에 있었더라도 주변의 외적 변수들을 창조적으로 이용하여 성장하며 성공했을 것이다.

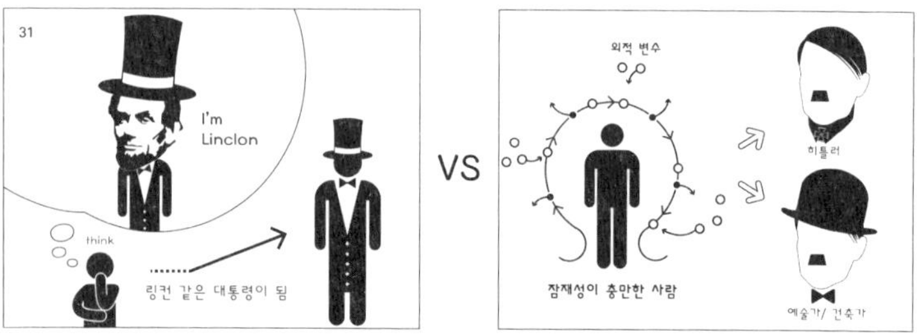


만약 한 독재자가 가난한 집안에서 성장하여 사관학교에 진학해야 했던 외적변수를 만나지 않고 부유한 가정에서 자라 예술학교에 들어가는 외적변수를 만났다면 그는 아마도 쿠데타를 일으키고 많은 사람들을 탄압하는 방식보다는 뛰어난 예술가가 되었을 수도 있다. 흔히 어떤 사람을 가리켜 "그는 무얼 하더라도 잘 할 사람이야!" 라고 한다면 그는 다양한 외적변수를 어떻게 해서든 잘 이용하여 성공한 사람의 자리에 있을 잠재성이 충만한 사람을 의미하는 것이다.

31. 가능성과 잠재성의 차이

이러한 차이는 들뢰즈의 개념을 이해하는데 있어서 매우 중요한 부분이다.

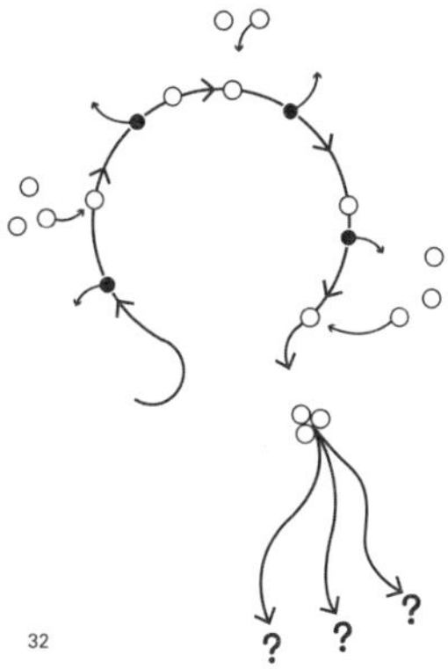

32

베르그송은 2개의 대립항에 대해서 다음과 같이 설명하고 있다.

모든 가능성이 실현되는 것이 아니듯이, 실현은 하나의 제한을 내포하며, 반대로 잠재성은 실현이 아니라 현실화되어야 하는데, 실현의 과정이 유사성과 제한이라는 본질적 규칙에 순종하는 반면, 이 현실화의 규칙은 유사나 제한이 아니라 차이나 갈라짐, 창조이다.[13)]

가능성은 동일성(유사성)으로 나아가면서 실재화된다. '나는 훌륭한 선생님이 될거야' 라고 결심하고 열심히 노력하여 훌륭한 선생님이 되었다면 이것은 가능성이 있는 사람이 노력하여 자신이 롤모델로 삼았던 훌륭한 선생님과 같은 동일한 유형의 선생님으로 되는 것이다. 다시 말해 동일성에 포획되는 것이다. 그래서 가능성은 실현의 과정에서 작용하는 것은 유사성과 제한적 요소들이다. 그것은 유사하게 만들어나가는 과정이고 유사하게 만들어가는 과정은 각종 제한으로 인해 차이를 제거하고 동일하게 만들어나가는 과정이다. 이른바 그것은 자기검열의 한계 내에 있는 것이다. 이 과정을 통해 충실한 복사판이 만들어지게 된다.

이와는 달리 잠재성은 현실화되면서 차이와 갈라짐(분기)을 만들어 낸다. 잠재성을 갖고 현실화되면서 차이와 예측불능의 새로움을 생성할 수 있는 새로운 생성과 분기, 진화의 과정을 거치게 된다. 이것을 들뢰즈는 '차이화의 과정'이다. 차이화의 과정은 결국 잠재성이 분기되는 과정이다. 그래서

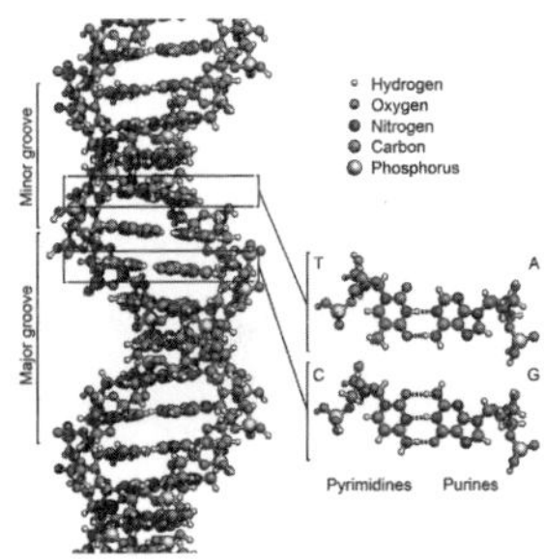


33

13) 질들뢰즈, 김재인 역, 베르그송주의, 문학과지성사, 1996, p135

32. 관계맺음과 새로운 분기현상

33. DNA의 결합과 펼쳐짐

들뢰즈에게는 인류 및 모든 자연의 동, 식물이 차이화의 과정을 통해서 진화의 과정을 거치는 것은 마치 하나의 씨앗으로부터 DNA에서 펼쳐져 나와 분기와 갈라짐을 통해서 점차 변화하고 진화해나가는 과정, 새로운 종으로 변화하면서 발전해 나가는 과정, 이것이 바로 차이와 갈라짐에 의한 창조의 과정이다. 이렇듯 자연의 모든 대상물들은 차이화의 과정을 통해 자신과는 다른 것으로 생성되고 변화되는 과정을 계속해서 거쳐나가는 것이다.

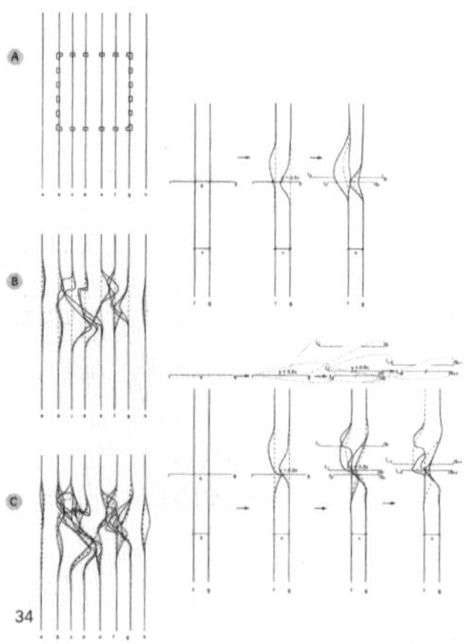

34

계속해서 변화해 나가는 것, 그것은 잠재태와 현실태의 관계가 끊임없이 '관계맺는 과정'이다. 잠재태에서 현실태로, 현실태의 한 부분에서의 차이와 분기에 의해서 다시 현실태가 잠재태가 되고 거기에서 다시 현실태가 분기되어 나오는 과정이 끊임없이 반복된다. 또한 그 과정을 인식하고 파악하는 것이 바로 베르그송의 '지속'과 '시간'의 개념이 도입되는 과정이다. 잠재성은 지금 당장은 눈에 보이지 않는다고 하더라도 내재성의 표면에서 다양한 가능성으로 현실화될 수 있는 주름이 접혀서 차곡차곡 쌓여있다고 말할 수 있다. 라이프니츠 식으로 이야기 하면 모나드 속에 현실화가 될 주름이 쌓여있다고 표현할 수 있다. 결국 잠재성 자체도 일종의 현실화만 안 되었을 뿐, 현실화된 것이나 다름없는 것으로 영향을 미치고 있다고 보아도 무방할 것이다. 다양한 가능성으로 현실화될 수 있고 실재에 다양한 방식으로 영향을 미치기 때문이다. 실재는 현실과 잠재성의 합으로 이루어지는 것으로, 현실과 잠재성은 서로 공존하는 실재라고 할 수 있다. 들뢰즈가 관심을 가지는 것은 바로 이러한 잠재성이 운동(건축의 새로운 표현)을 통해 현실성으로 드러나는 방식이라고 할 수 있

34. 접속과 분기의 이미지: 그렉 린의 다이어그램



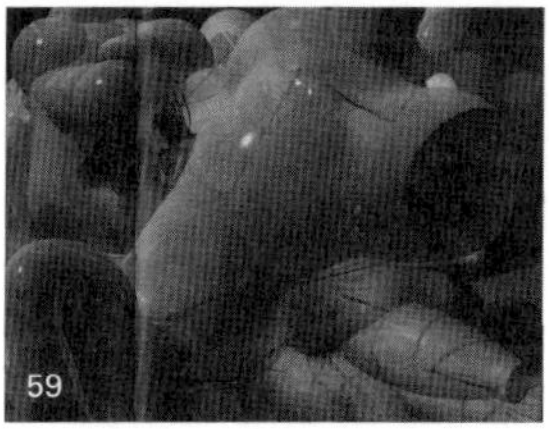
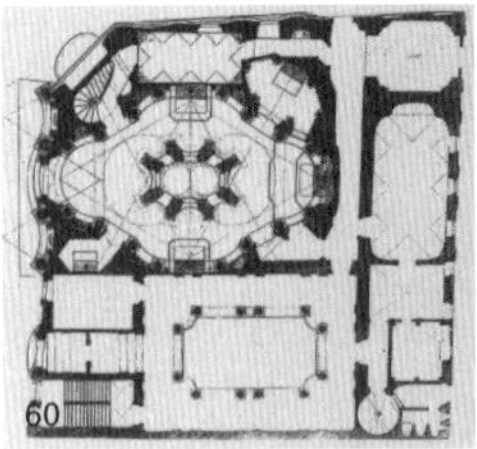
60

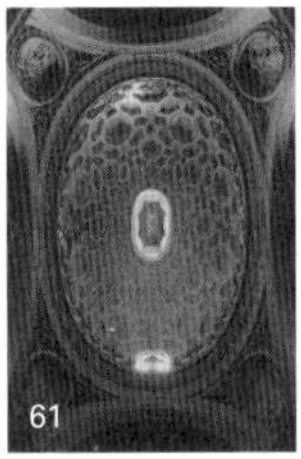
61

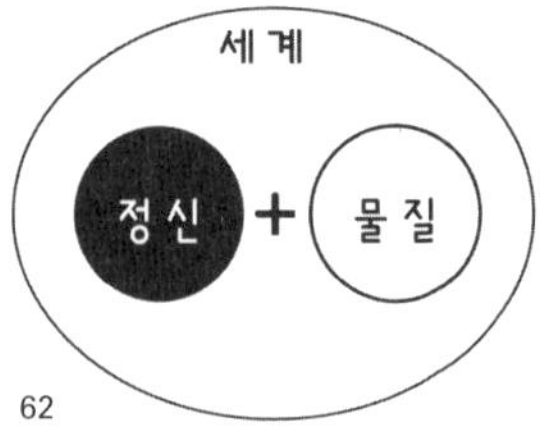

62

이 두 철학자를 다음과 같이 언급하고 있다.
**'스피노자의 철학이 햇빛으로 가득한 한낮의 이미지를 갖는다면, 라이프니츠의 철학은 별빛으로 반짝이는 밤하늘의 이미지를 갖는다. 라이프니츠의 우주 안에는 무한히 많은 점들의 빛과 노래로 가득하다. 점들은 내포된 에너지를 방출하면서 빛나고 노래한다. 다시 말해, 형이상학적인 점들 또는 모나드들이 자기 자신을 펼치는 것은 그것이 균형 상태의 무엇이 아니라 성장하는 무엇이기 때문이다. 그래서 주름은 바로크와 관계를 맺고 있다.'**[21]
이에 대한 현대건축의 사례로 렘 콜하스의 건축은 외부의 체계는 도시에 순응하기 위해 그리드체계의 단순한 박스 안으로 진입하면 바로크건축의 내부에서 보이는 전체적 시점에서 주름이 펼쳐지는 공간과 같은 이미지를 느낄 수 있도록 계획된다.
라이프니츠의 사유가 모나드로 대표되듯이, 들뢰즈는 에너지가 응축되어 있는 것이 펼쳐지는 라이프니츠의 사유와 직관지로 대표되는 통찰력으로 가득 차 있는 스피노자의 사유를 통해 생기적 관점의 변화와 흐름의 존재론을 주장한다. 라이프니츠가 이야기하는 모나드의 유일한 창문이자 유일한 통로는 정신적인 통로이다. 상위의 정신계에서 벌어지는 원리를 그는 예정조화의 원리로 언급했다. 그것은 필연적인 숙명의 흐름은 아니지만 자발적인 것과 공동의 노력이 함께 어우러져 조화를 이루는 것이다.
베르그송, 니체, 들뢰즈의 영향과 접속과 분기의 과정을 중시했던 화이트헤드의 사유 등은 후기구조주의 입장의 차이를 중시하는 내용으로 변화되었

21) 같은 책 p51
60. 성 카를로 성당 평면
61. 성 카를로 성당 돔 내부
62. 스피노자의 범신론적 사유체계

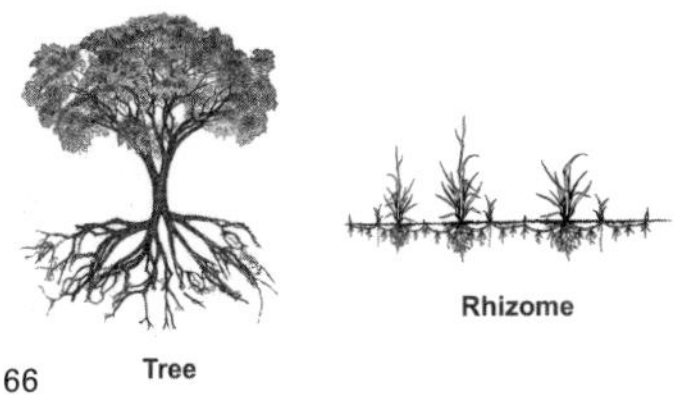


이야기할 때 욕망이라는 카오스의 바다에 떠있는 구조로 언급했었는데, 그 구조는 영원불멸하는 것이 아니라 카오스의 욕동의 변화에 따라 파괴되고 다시 구조가 생성될 수 있는 것임을 언급한 바 있다. 이런 측면에서 '가능성'은 지금 현재 구체적으로 볼 수 있는 실재의 이미지를 모델(전술한 선생님의 예)로 하여 단순히 재현하는 것이다. 현재 존재하는, 다시 말해 그것은 실재하는 것에 바탕을 둔 습관적인 것이다. 따라서 가능성은 구체화될 수는 있지만 차이를 만들어내지는 못한다. 그것은 단순히 동일화에 포섭되는 것이다. 이해하기 쉽게 다음의 사례를 들어보자. 남녀가 연애를 하고 있다가 헤어지는 경우, 대부분은 엄청난 사건으로 이별하는 경우는 드물고 사소한 말다툼이나 대수롭지 않은 사건이 시발이 되는 경우가 많다. 그다지 중요하지 않은 사소한 문제로 말다툼을 하다가 갑자기 연인의 태도가 돌변하며 "우리 그만 만나!" 라는 청천벽력의 통보를 받게 된다. 그러나 자세히 생각하면, 이별을 촉발시킨 그 조그마한 사건이 있기 전에, 그리고 이별이라는 결과가 있기 이전에 이미 이별의 잠재적 분위기는 무르익고 있었을 것이다. 남, 여는 만나고 서로를 알아가면서 성격, 신체적 조건, 학벌, 외모, 재력, 가문 등등 여러 가지 결혼의 조건과 가능성을 탐색하게 되고 자신의 배필로서 상대방이 적정한가를 다각도로 따졌을 것이다. 심리적, 신체적, 외적, 내적조건 등을 고려해보았을 것이다. 그러나 그 사람에게는 결국 상대방과 헤어지는 편이 좋겠다는 생각과 직관이 본능적으로 자리 잡았을 것이다. 일단, 헤어지겠다는 무의식이 의식의 수면 위로 떠오르는 과정이 발동하게 되면 남녀는 그 순간 만나고는 있지만 이별은 이미 공존하고 있는 것이나 다름없다. 분위기가 무르익고 도저히 참기 힘든 임계점에 이르게 되면, 별 것도 아닌 조그만 꼬투리나 사건으로 연인의 관계는 파탄지경에 이르게 된다. 그것은 이별의 도화선이 된 사건 자체가 근본적인 것이 아니라 마치 변화를 갈망하는 잠재적 상태가 변화의 임계점(변곡점)을 기다리고 있는 형국이다.

나라의 정권을 전복시키는 쿠데타가 발생하는 경우에도 그 중차대한 사건이 일어나기 이전에는 반드시 사회의 다양한 징후들이 나타나게 된다. 변화의 잠재성이 무르익고 있는 것이다. 어느 순간 쿠데타를 일으키는 세력은 행위를 촉발시킬만한 사건을 기다리다가 어떤 계기를 통해 명분을 앞세워 세상을 뒤집고 새로운 세상의 '구조'를 만들어 버린다.

그렇다면 건축이나 도시에서는 이러한 측면을 어떤 방식으로 이해할 수 있을까?

주변의 콘텍스트에서 무한한 잠재성을 가진 한 사이트가 존재한다고 가정해보자. 주변의 상황과 개발의 시각에서 보았을 때 잠재성이 충만한 필지인데 현재는 개발되거나 계획되지 않은 상태인 어떤 땅은 사회적 분위기와 변화의 욕구가 충분히 무르익었을 때, 그리고 그것을 건축주나 시행자 혹은 건축가가 알아차리거나 사회적 요구에 의해 건축가에게 계획이나 개발이 의뢰될 때 폭발적인 실행력으로 현실화된다. 건축가가 대지의 잠재성과 사회의 각종 외적 변수들의 잠재성을 끌어내어 콘텍스트에 적합한 내용을 잘 적용하여 새로운 무언가를 성공적으로 만들어냈다면 그것은 대지 이면을 흐르고 있는 잠재성이 성공적으로 현

41. 잠재성과 사건의 촉발(현실화), 5.16혁명(쿠데타), 이면의 욕망이 드러나는 사건, 생성
박정희의 잠재되어있던 욕망이 혁명(쿠테타)이라는 사건과 함께 현실화되며 독재국가로 세상의 구조가 극적으로 바뀌었다. 그의 강력했던 욕망은 비극적으로 귀결되었으며 오늘날 그의 딸에게 전파되고 여전히 진행중이다.

실화된 것이다. 생성의 정도에 따라서 무한한 잠재성은 계속해서 흐르는 감각과 같이 접속하고 변화하게 된다. 대지의 감각을 그대로 건축적으로 드러낼 수 있는 방법론은 무엇이 될 수 있을 것인가?에 대한 감각을 키우는 것이 사이트를 이해하고 실행시키는 건축의 감각일 것이다.

쉽게 이야기해보자. TV 예능프로그램에서 개그맨들은 절대적으로 주변의 '감각'에 의존한다. 주어진 상황의 조건과 외적변수들을 순간순간 잘 이용(배치)하여 연결시키면서 적절한 변주와 변형을 통해 의외의 웃음과 재미를 생성해낸다. 그러한 감각이 뛰어나야 예능프로그램에서 살아남을 수 있다. 군대를 다녀온 예능인들은 그러한 감각이 무뎌지게 마련이고 많은 경우 도태되고 만다. 건축분야도 마찬가지이다. 주어진 조건과 상황 및 시대에 따른 외적변수들을 잘 통합하여 시대성을 잘 반영하고 풍부하게 인문적, 감성적 요소들을 통합시켜 건축물을 현실화시켜야 한다. 그것을 잘 수행하는 건축가가 앞서 언급한 예능감이 좋은 개그맨과 같이 소위 '건축감建築感'이 좋은 건축가라고 표현할 수 있을 것이다.

### 7009 건축의 기계론적 사고

무언가를 한정하여 정의하는 것은 일방향적으로 포획하고자 하는 흐름이다. 그것은 동일성의 폐해를 만들어내는 '근대적 주체'의 특성이 만들어내는 관성이다. 그러나 수없이 많은 요소들이 섞여 들어가며 접속되는 관계

42. 잠재성의 현실화와 주름 및 펼쳐짐

는 무언가 새로운 것을 만들어내는 잠재성과 닿아 있다. 들뢰즈의 사고는 'What is… ' 라는 be 동사에 해당되는 것 보다는 Which is… 혹은 and, and, and, 와 같이 접속사적으로 나열되면서 관계를 맺고 새로운 배치를 통해 새로운 의미가 생성되는 '열린 순환체계'를 중시한다. 이해하기 쉽게 다음의 예를 들어보자. 선생님이 "What is Architecture?" 라고 말했다고 하자. "건축이란 무엇일까요?" 라고 질문하고 그것에 대해서 설명한다고 가정해보자. 다음의 문장은 "Architecture is…" 다시 말해 "건축이란 이런, 이런 것입니다."라고 설명하게 될 것이다. 이렇게 된다면 말을 꺼낸 사람이 정의하는 방향으로 건축의 개념이 청중들에게 일방향적으로 전달되게 된다. 이것은 상호작용이 아니다. 그(개념을 말하는 자)의 생각이 일방향적으로 전파되는 방식이다. 수용자는 그 화자의 개념을 수동적으로 받아들일 수밖에 없다. 그러나 들뢰즈가 생각하는 방식은 상호관계가 순환되며 새롭게 접합되는 방식이다. 건축은 이런 방식이고 저런 것이고, 저렇게 되고, 저렇게 될 수도 있고 하면서 끊임없이 설명이 덧붙여지고 다른 사람들의 생각이 들어오고 나가기도 하면서 정의가 수시로 바뀌는 구조이다. 다시 말해 여러 사람들이 원탁에 둘러 앉아 각자의 생각을 발표하는 브레인스토밍brainstorming 방식을 통해 점차 다듬어져 가며 건축의 정의가 만들어지는 과정적 구조이다. 또 정의가 되었다고 해서 계속해서 고정되어 있는 것이 아니라 또 다시 다양한 것들이 섞여 들어가면서 개념이 변화해 나가는 것으로 본다. 고정되지 않고 많은 사람들의 의견과 욕망이 수용되며 흐르는 잠재성의 상태 그것이 바로 '기관 없는 신체'이다. 그리고 잠재성이 현실화되는 것 즉, 들뢰즈가 강조하는 하나의 새로운 것(의미)이 되는 방식, 그것이 바로 들뢰즈의 '기계' 메커니즘이 된다. 이것은 들뢰즈적인 의미에서 일종의 절단기계에 의해 새로운 절단과 배치가 이루어지는 방식을 말한다. 그것은 절단되고 새롭게 배치가 이루어지면서 새로운 '~되기'가 가능해지는데 이러한 배치는 결국 다양한 욕망에 기인한 것이다. 결국 이 배치는 욕망에 의해 작동하게 되고 욕망이 작용하는 한 기계로서 존재하고 흐름을 만들어내고 펼쳐지면서 현실에서의 무언가로 생성되고 작동하게 된다. 이처럼 '~되기' 는 잠재되어 있는 곳에서 잠재적 질료들이 다양한 접속을 통해 현실화되는 작업이고 지속은 잠재적 다양성이 있는 가운데 베르그송이 말하는 기억과 같이 '차이가 있는 것들이 공존하고 있는 상태'이다.

건축부문에서는 영토화되어 고정되고 결정되어 무언가로 쉽게 '~되기'가 될 수 없는 것보다는 잠재적으로 새롭게 무언가가 될 수 있는 부분이 상대적으로 조형적인 면에서 우세하다. 21세기에 들어서서 디지털 툴의 발전과 더불어 비선형적이거나 불확정적인 표현들이 강세를 보여 왔다. 이것은 외적으로 다양한 형태의 유희적 표현과 함께 공용공간의 다양한 흐름들의 접합, 접속들을 통한 공간 표현방식이 우세해지면서 건축적 잠재적 가능성을 증폭시키는 결과를 가져왔다. 질료적 흐름이 되어 잠재성이 충만한 상태에서 주변 상황에 따라 다른 종류의 기관이나 형상으로 변형될 가능성이 더욱 풍부해짐을 의미하는 것이다. 끊임없이 진동하며, 운동하여 새로운 '~되기'가 가능해지기 때문이다.

**–영화 터미네이터 2, 트랜스포머의 기계적 이미지**

43

영화『터미네이터 2』및『터미네이터 5』를 상기해보자. 미래에서 온 터미네이터는 계속해서 미래의 반군 사령관이 될 소년을 죽이기 위해 뒤쫓는다.

43. 기관 없는 신체의 사례가 되는 영화 터미네이터 2

그에게는 오직 소년을 죽이고자 하는 욕망만이 존재할 뿐이다. 그 목적과 욕망을 성취하기 위해서 그는 계속해서 자신의 양태를 바꾸어나간다.(추상기계) 어떤 때는 소년의 엄마의 모습으로 바뀌기도 하고 목소리도 그렇게 변화한다. 또 어떤 때에는 자신이 손이 창이나 식칼로 바뀌기도 하면서 자신의 목적에 방해가 되는 요소들을 제거해나간다.(전쟁기계) 이른바 욕망을 성취하기 위해 무자비한 전쟁기계로 양태가 변화하는 예시가 된다.

44

또한 영화 '트랜스포머'에서는 자신의 목적을 위해서라면 계속해서 기계장치가 접속되고 절단되며 형태를 변화시킨다. 그것은 소형의 기계로부터 매우 거대한 기계까지 자신의 형태를 변화시키면서 자신의 목적을 이루어나간다. 오늘날 건축적 복합체는 바로 이렇게 터미네이터와 트랜스포머와 같이 다양한 프로그램이 유기적으로 복합화되며, 목적에 따라 프로그램과 기능이 건축물의 기능을 적절하게 변화시키고 변용시킬 수 있는 구조로 진화해 나가고 있다.

도시와 건축분야는 기존의 구조와 양태를 변화시키는 것이 다른 조형예술분야와 달리 많은 노력과 시간이 소요된다. 자본사회에서 그것은 곧바로 비용으로 환산된다. 상대적으로 무겁고 영속적인 이미지를 가지고 있는 건축분야에서 트랜스포머와 같이 쉽게 변화를 주고자 할 때 사용되는 일반적인 방법이 바로 '외피'를 바꾸는 방법이다.

44. 양태의 변화, 영화 트랜스포머의 한 장면

현대건축의 가장 큰 특징 중 하나로, 외피가 집중적으로 연구되고 있는 것은 그러한 변화의 니즈needs를 손쉽게 충족시킬 수 있는 가장 원초적이고 '손쉬운' 방법론으로 인식되기 때문이다. 여기서 '원초적'이라는 것은 분위기를 일신하는 가장 편리하고 빠르고 자본이 적게 들어가는 손쉬운 방법이라는 의미이며 그것이 자본이 절대적으로 선호하는 방식이다. 고정되고 무겁고 해체하기 힘든 구조 자체를 건드리는 것은 상대적으로 까다롭기 때문일 것이다. 자본의 흐름과 집적이라는 목적을 수행하고 신자유주의적인 대규모 자본이 손쉽게 집중하여 자신의 목적을 성취하고 빠져나가기 쉽게 되는 구조가 바로 현대건축의 복합체를 지향하는 건축경향이라고 할 수 있다.

45. Palais des congres 외피
46. Deutsche 우체국 외피
47. 인스부르크 Town Hall 외피

들뢰즈는 이렇게 기계의 복합체가 형성되는 이유와 과정에 대해서 설명하기 위해 기계에 대해서 몇 가지의 분류를 통해 언급하고 있다. 그는 기계가 되는 과정에 대한 메커니즘을 다음과 같은 개념들로 도입하고 있다.

### – 기관 없는 신체

기관 없는 신체는 고정된 영토화로부터 끊임없이 탈주하면서 탈지층화되어 탈코드화되고 탈영토화되는 특성이 있다. 열린 배치를 통해서 코드가 변경되면 욕망의 흐름에 따른 배치로 변화를 만들어낸다. 이는 돌연변이의 배치를 만들게 되고 새로운 생성(~되기)이 이루어지게 된다. 기관 없는 신체라는 개념은 이렇게 탈주하여 탈지층화, 탈 영토화되는 욕망의 흐름에 따른 재배치로 인해 새로운 생성을 만드는 것을 의미한다.

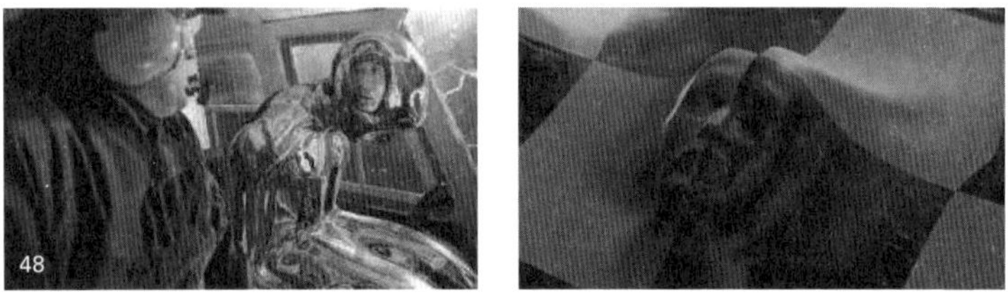

앞서 유기체와 기계의 차이를 언급한 바와 같이, 유기체는 유기적으로 다양한 기관들이 모여서 이루어지기는 했지만 그것들이 따로 떼어져서 개별적으로 기능할 수는 없다. 온전하게 한 세트로 모여 있을 때 기능이 온전하게 작동가능하다. 기능이 명확한 신체의 오장육부와 같이, 사람속의 각 기관들은 유기적으로 기능하고 있어서 간이나 위, 쓸개, 창자를 제거하면 죽게 될 것이다. 즉 전체의 움직임과 기능이 정지된다. 그러나 '기관 없는 신체'라는 단어에서 유추할 수 있듯이 들뢰즈가 언급하는 이 개념은 각 요소들이 마치 영화『터미네이터 2』의 유체가 기계가 되는 것처럼 유동적인 액체와 같이 흐르게 되고 다른 유체가 덧붙여지면서 구체성을 띠며 기능과 양태를 변화

48. 기관 없는 신체의 이미지, 영화『터미네이터 2』의 한 장면

시키게 된다. 이것을 '기관 없는 신체'라고 한다. 그것은 신체와 같이 기능하고 움직이지만 오장육부의 각 기관들이 유기체처럼 닫혀 있는 것이 아니라 열려 있는 상태에서 유동적으로 흐르고 다른 것과 접합하여 변화하고 새롭게 기능할 수 있는 개념이다.

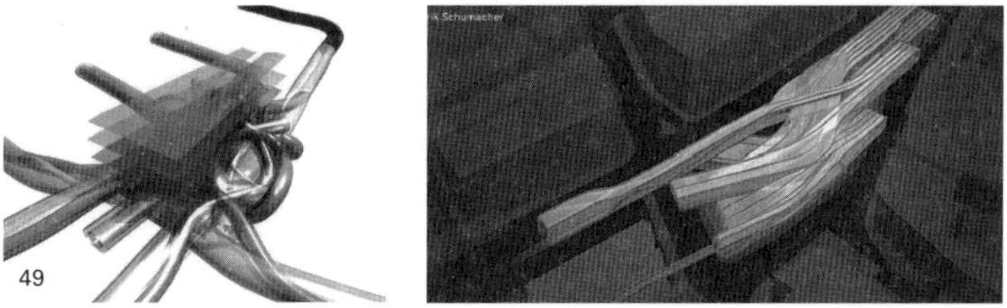

49

기관 없는 신체는 습관적인 것이 될 가능성이 있는 동일성이 있는 기억에서 벗어나 작동하는 복합체이다. 이것은 전술한 바와 같이 주변 상황에 따라서 여러 다른 종류의 기관이나 형상으로 변형될(잠재성의 현실화) 능력이 있다. '기관 없는 신체'는 질료적 흐름만이 있는 상태로 되돌아가는 것으로 고정성을 벋어나 기존의 콘텍스트 가운데 잠재된 질료적 특성이 흐를 수 있는 상태가 되는 것을 의미한다. 유기체는 감각이 주체와 분리될 수 없다. 내가 느끼는 기쁨과 고통은 둘이 될 수 없다. 그러나 기관 없는 신체는 외부와 분리되거나 어떤 것의 지배하에 있지 않거나 통제되지 않는 가운데에도 자율적인 배치에 따라 임의적으로 결합되게 된다. 이렇게 다른 감각기관들과 끊임없이 상호침투와 결합을 통해 '기관 없는 신체'는 새로운 '~되기'가 될 수 있다. 그렇기 때문에 기관 없는 신체는 외부를 수용할 수 있는 폭이 매우 크며 스스로 펼쳐지는 과정 속에서 많은 감각적 흐름들이 통과할 수 있도록 자연스럽게 필요한 배치를 이루게 된다. 이를 통해 각각의 개별적 요소가 살아있는 가운데 형식적인 통일성 없이 차이가 인정된 상태에서 하나로 묶이고 새로운 무언가가 되는 복합체로 거듭날 수 있게 되는 것이다. 그것은

49. 기관 없는 신체의 건축적 이미지 실험

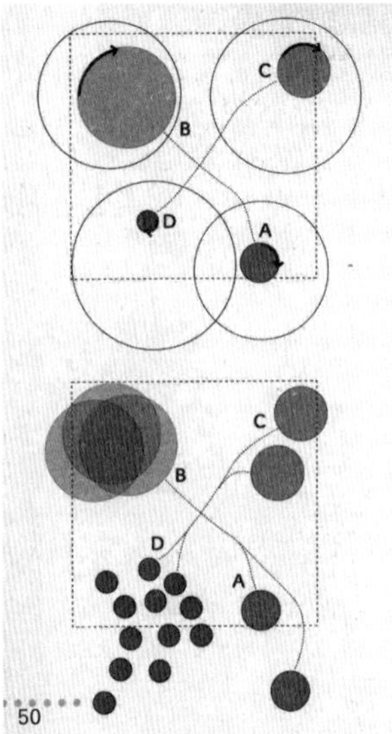


주어진 기억의 습관화(동일성)를 벗어나는 것이며 다시 말해 탈영토화될 때만이 비로소 의미를 획득할 수 있다.

기관 없는 신체는 강도, 질료 혹은 욕망 등의 강렬한 흐름의 요소들이 아직 잠재된 상태에서 현실화되지 않은 상태를 의미한다. 그것은 질료의 흐름에 따라 분화되거나 분열되면서 새로운 형태를 잡아가게 되고 결국 잠재되었던 부분이 현실화되는 종으로 변화해나간다. 배아가 형태를 잡기 시작 하면서 함입되는 과정은 '뫼비우스의 띠'나 '고르고디우스의 매듭'을 생각나게 한다. 그것은 끊임없이 연결되어 있고 안팎이 없고 계속해서 순환하는 것을 상징한다. 세포가 분열하고 새로운 기능이 생성되면서 기능이 점차 분화되는 과정은 씨앗에서 혹은 모나드에서 주름이 펼쳐지는 생명의 변화 과정을 설명할 수 있는 은유가 되고 있다. 계속해서 순환하게 만드는 것은 들뢰즈 사유의 운동성과 밀접한 관계를 가지며 이것은 결국 후기자본사회의 끊임없는 자본의 집적 및 순환의 가속도로 치환된다.

생물학적 관점에서 보았을 때, '기관 없는 신체'는 유기체가 되기 전 배아상태이다. 그것은 생명이 무언가 유기체가 되어서 온전한 의지에 의해 통제되기 이전의 질료적 상태, 흐름상태, 무언가 분기되기 직전의 상태를 의미한다. 이 상태에서의 질료적 흐름과 강도는 수식적으로 해석되거나 측정할 수 없다. 속도 온도를 더하거나 뺀다고 해서 단순 수치적으로 합치거나 뺄 수 없는 것과 같다.

50. 접속과 분기의 다이어그램, NOX

기계는 유기체와 대비된다. 유기체는 이미 분화가 끝이 나서 더 이상 다른 것으로의 분화나 변화가 정지되어 있는 한 개체이다. 그러나 기계는 계속해서 욕망 흐름이나 배치에 따라 새로운 의미를 생성시키면서 자신의 모습을 변화시키고 분기시켜 나가며 탈주선을 만들어 나간다. 여기서 추상기계의 개념이 등장하는데 영토화에서 탈영토화로 다시 순환할 때 기관 없는 신체와 같은 초기의 배아 형태의 흐름이나 질료상태로 순환할 수 있도록 해준다. 건축에서는 바깥이나 안쪽을 주름짓는 것, 다양한 영역이나 프로그램이 공간적으로 프로그램적으로 상호관통하고 위상적 연산으로 나타나는 것으로 형태가 생성된다.

**– 추상기계**

기관 없는 신체는 탈영토화 운동을 만들어내는 운동기계로서 일종의 '추상기계'라고 말할 수 있다. 이것은 다수의 다양한 연동체로서 '기계'적인 것을 의미한다. 추상기계는 물질적인 것도 신체적인 것도 아니고 기호적인 것도 아니다. 그것은 실체가 없는 가운데 사건에 의해 작동된다. 그것은 동일성으로 이끄는 재현을 위한 것이 아닌 분기를 통해 새로운 것이 현실화되기 위해 기능한다.

들뢰즈는 욕망의 에너지와 힘을 매개로 하여 다른 것과 접속하고 새로운 배치의 접속을 통해 새로운 생성을 만드는 것, 즉 모든 기계들을 낳는 메커니즘을 추상기계라고 명칭하고 있다. 그 안에서의 표현과 내용은 구분을 갖지 않으며 그 자체의 형식도 실체도 없다. 추상기계는 배치의 적절한 접속을 통해서 형식과 형상을 변형시키고 이를 통해 형식자체로부터 탈형식을 만드는 작용을 하게 된다. 혹은 지층들을 가로지르면서 탈지층화 되면서 질료의 흐름 및 욕망의 흐름과 배치들의 접속을 통해 기관 없는 신체에 이르게 되는 것을 의미한다. 다시 말해 그것은 잠재성이 충만한 가운데 분기되어 무언가 예상치 못했던 방식으로 현실화되는 생성의 힘과 방식을 의미한다.

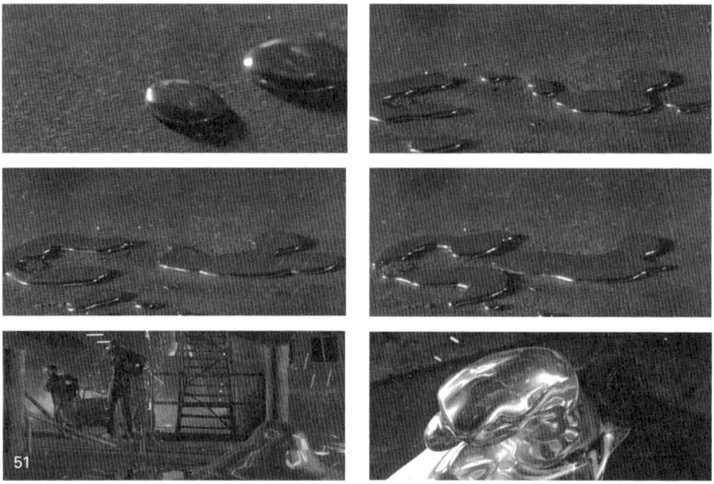

당연히 기계적 배치는 접속할 수 있는 배치가 늘어나면 늘어나고 접속되는 요소들이 많아지면 주름이 더욱 늘고 유기체와 비슷한 살아있는 추상기계로 거듭나게 될 것이다. 주름이 많이 접혀서 축적되어 있는 유기체일수록 더욱 고등한 생물로 생각할 수 있다. 오히려 접속의 배치가 거부된 닫힌 부분들은 기계적인 부분과는 성격을 달리하여 생명이 다하는(정지된) 부분이 될 것이다. 또, 재영토화되는 과정에서 이러한 부분들은 '구멍'을 만들어내게 될 것이다. 이것은 마치 유기체에서 암 덩어리와 같이 기능하지 못하거나 바람직하지 않은 부분이 될 것이다. 추상기계는 결국 탈지층화되면서 지층을 가로질러 계속해서 배치가 접속이 되면서 민첩하게 작용하는 유기체와 같이 되는 것을 목적으로 하게 된다. 기계는 배치에 따라서 다른 기능을 수행할 수 있다. 기계는 욕망의 흐름에 따라 배치 및 접속이 바뀌게 된다. 그래서 기계적 배치물이 전쟁기계와 접속되면 욕망의 흐름에 따라 전쟁을 수행하는 기능의 '기계'로 바뀌게 된다. 이것은 기계의 의도와는 상관없이 욕망의 흐름에 따라 변화하게 된다. 영화『터미네이터 2』에서 유동적 액체

51. 유동적 흐름과 추상기계로서의 작용, 영화「터미네이터 2」

의 흐름이 다른 유체와 결합되면서 형태를 만들어나가고 그것이 결국 주인공을 죽이고자 하는 욕망을 실현시키기 위한 전쟁기계로 변화해나가는 것이 추상기계의 직접적인 이미지가 되고 있다.

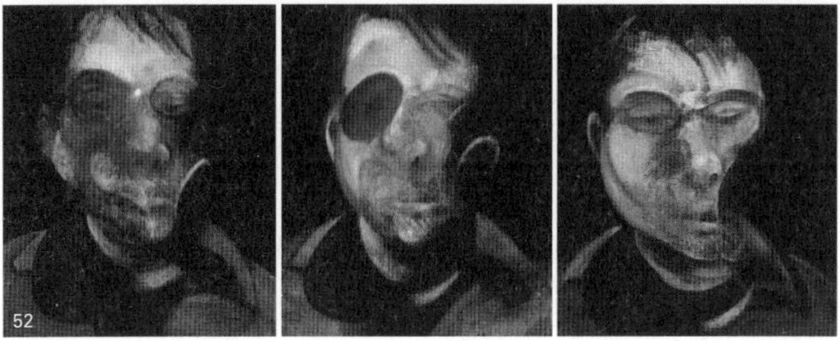


베이컨의 자화상 시리즈는 추상기계의 개념을 유추할 수 있는 좋은 사례이다. 베이컨은 추상기계가 여러 가지 요소들을 열린 순환체계에서 받아들여 새로운 것으로 분기되는 것과 같이 혹은 거울을 보는 자신의 모습과 같이 동일한 이미지를 그리는 것이 아니라 눈, 코, 입의 경계가 모호한 가운데 자신인 것 같으면서 자신이 아닌 새로운 것이 되고자 하는 힘의 이미지가 있다.[14] 이처럼 경계가 해체되어 모호한 가운데 생성의 힘에 의해 새로운 사건이 발생하며 분기되고 물질화를 이루게 되는 것을 들뢰즈는 추상기계의 개념으로 사유하고 있다.[15]

또 하나의 유명한 그림은 런던 테이트모던에 전시중인 1972년 작 삼면화Triptych, August 1972이다. 작품을 설명하면 다음과 같다. 세 가지 그림으로 구성되어 있는데 1번째(제일 왼쪽의) 작품에는 동성 연인이었던 조지 다이어George Dyer가 앉아 있으며 두 번째 작품은 베이컨과 다이어의 성행위가 연상되는 유동적 액체와 같은 기괴한 형체로 표현되어 있다.

14) 질 들뢰즈, 감각의 논리, 하태환 역, 민음사, 2008, p71
15) 같은 책, p95의 내용 부분인용. 리듬과 함께 인식상에 깊숙이 침투하여 작용하는 기억과 회상의 상호작용을 의미함.
52. 베이컨의 자화상 시리즈

1번, 3번의 그림에는 기억과 현존의 이미지가 그려져 있으며 그것은 사물의 형태를 보고 그린 구상회화에 가깝다.

그러나 2번의 그림은 공명하는 이미지의 요소들을 선택된 이미지와 접목시켜 혼합시킨 것이다. 그것은 형식적 변형의 촉매로서 시간을 도입한 이미지이며 1, 3번 그림에 비해 2번 그림은 유동적인 유체와 같은 곡선과 좀 더 충격적인 기억의 이미지를 표현했다. 1, 3번 그림의 비교적 구상적 이미지와 2번 그림의 유동적 이미지의 변증법적 과정을 통해 시간, 이미지의 기억을 재편집하여 표현했다. 주체와 객체 사이의 욕망을 온전히 드러내는 것에 포커스를 맞추고 있는 해체주의적 사유나 욕망의 흐름을 사유하는 기관 없는 신체의 개념을 이 회화에서 충분히 감지할 수 있을 것이다.

베이컨은 자신의 작품에 대해 다음과 같이 언급한다.

**"제가 하고자 하는 것은 외적 모습을 훨씬 초월하여 사물을 왜곡시키는 것입니다. 그러나 그러한 왜곡은 원래 모습을 다시 기억할 수 있게 만드는 것입니다. 감상자는 그 외형의 표현 이면이나 그 표현을 통과(경험)하면서 신체의 모습을 재발견하게 될 것입니다."**

이러한 모든 것들은 시간과 변화에 대한 집착을 전통적인 유화의 단일한 이미지로 도입하여 표현하고 있다.

**"회화를 통해 전달될 수 있는 이미지속의 것을 보여주는 것은 역시나 폭력적인 것입니**

53. 베이컨의 삼면화 Triptych, August 1972, Tate Modern Art Museum

다. 당신을 테이블 건너편에서 바라보았을 때 나는 단지 당신을 보는 것뿐만이 아니라 성격과 다른 모든 것들이 발산되는 전체적인 것을 보는 것입니다. 그리고 그것을 회화로 그리기 위해, 내가 초상화로 그리고자 한다면 그것은 페인트 작업 속에서 폭력적으로 드러날 것입니다. (중략…) 내가 정말 말하고자 하는 것은… 형상이란 연속적으로 떠다니는 부유물과 같은 것이예요."

"곡선의 붓터치, 광범위한 다양성은 변화의 개념에 기초하고 있는 것입니다. 왜냐하면 곡선의 붓터치는 지면을 통과하는 방향을 계속해서 변화시키고 있는 붓에 의해 그려지는 것이기 때문입니다. 곡선의 특성과 변화의 경험으로 나오는 내용은 예술에 있어서 가장 중요한 소재 중 하나입니다. 왜냐하면 그것들은 시간의 차원으로 변화하는 것에 대한 제시를 통해서 그려진 형태의 의미를 확장시키기 때문입니다." 라고 베이컨은 이야기한다.

베이컨의 회화를 통해 스피노자의 정신과 물질(육체)의 합일에 대해 생각해 볼 여지가 있다. 스피노자는 정신과 육체의 합체와 변용에 대해 다음과 같이 언급하고 있다. **'인간 정신은 오직 신체가 받는 변용의 관념에 의해서만 인간 신체 자체를 의식하며 또 그것이 존재하는 것을 안다.'**[16] 정신이 신체와 결합하여 인식하는 것이 그래서 중요하게 여겨지고 있다. 스피노자의 입장에서 실체의 본질은 속성이고 실체의 변화는 양태modus이다. 영혼(정신)과 신체(물체) 현상이 개별적으로 나타나는 것이 양태이다. 실체의 본질이나 속성은 불변하는 신의 관념이며 양태는 변화하는 관념이다.

변화를 바라보며 그 변화를 느끼는 것은 주체의 인식 때문이다. 직관적 인식이란 내면적 조명, 혹은 정신적 관조에 해당한다. 직관적 인식은 실체를 인식할 뿐만 아니라 사물의 본질, 유, 법칙 또는 형상 따위를 인식할 수 있다. 그래서 스피노자는 **'정신은 자기 자신의 활동능력을 정립하는 것만을 표상하고자 한다.'**[17] 라고 했다. 관조되는 그래서 들어오는 정보를 통해 정신 속에서 그것을 인식하는 과정은 차이를 인식하는 것이다. 인식은 감각이 영혼에 표상을 생기게 함으로써 시작된다. 인식은 원인과 근거에 대한 통찰

16) 스피노자, 에티카, 강영계 역, 서광사, 2007, p110
17) 같은 책, p209

을 의미한다.

**'욕망이란 정신이 신체와 결합하여 주어진 정서에 따라 인간의 본질이 어떤 것을 행할 수 있도록 결정된다고 파악되는 한에서 인간의 본질 자체이다.'**[18]라고 스피노자는 주장한다. 인간다움을 이야기할 때 정신과 인간의 신체를 따로 이야기할 수는 없으며 인간의 정신과 인간의 실행이 정신과 육체가 결합된 상태에서 나타나는 것임을 부인할 수는 없다. 그런 의미에서 신체와 결합되어 있는 정신은 신체가 지속하는 동안 외에는 어떤 것도 표상할 수 없으며 과거의 것을 상기할 수도 없다. 스피노자는 다음과 같이 이야기 한다. **'정신은 영원한 상 아래에서 인식하는 모든 것을 신체의 현재의 현실적 존재를 파악하는 것에 의해서가 아니라, 신체의 본질을 영원한 상 아래에서 파악하는 것으로 인식한다.'**[19] 한쪽만을 중시하는 태도는 분명 문제가 있다. 생기론자들에게 관념론은 인간의 정신만을 중심으로 사유하는 것이므로 반쪽에 불과하다고 보는 것이다. 그런 면에서 스피노자의 태도는 두 가지 모두를 통합하여 사고하고자 했던 사유라고 할 수 있다.

세계를 정신과 물질이 결합된 코나투스이며 힘이라고 생각한 것은 그의 사유가 주체론 보다는 무언가가 벌어지는 사건과 효과, 생성 등에 중점을 두고 힘의 변화과정을 사유하게 만드는데 영향을 끼치는 결정적인 계기가 되었다. 그것은 무언가 고정된 상위의 사유가 있다고 전제하고 사유했던 서양의 전통적인 사유체계와는 다른 방식이다. 통합적인 정신과 물질의 통합체가 새롭게 분기되면서 차이를 만들어 나가는 과정은 변화와 움직임과 관련된 인간세상의 삼라만상을 설명할 수 있는 계기가 되었는데, 바로 이 부분이 들뢰즈의 변화와 운동의 사유와 연결된다. 각 사물이 자신의 존재 안에서 지속하고자 하는 성향conatus은 그 사물의 현실적 본질일 뿐이다. 각 사물이 자신의 존재 안에 지속하고자 하는 노력은 유한한 시간이 아니라 무한정한 시간을 포함하고 있다.

정신과 물질을 통합하여 사유하고자 했던 스피노자의 사유는 끊임없이 욕

18) 같은 책, p219
19) 같은 책, p354

망하고 운동하고 변화하는 것과 주체와 객체를 통합하여 사유하고자 하는 몸철학과 사이의 것(욕망, 주변화 된 것)을 사유하고자 했던 해체주의 사유와 밀접한 관련을 가지게 마련이다. 베이컨의 회화는 이러한 사유를 설명하기에 적합한 주제와 삶의 태도를 가지고 일관되게 작품을 추구함으로써 후기구조주의 시대에 적합한 미적 주제의식을 실험했다는 점에서 인류미술사에 중요한 인물로 남게 되었다.

들뢰즈의 플라톤주의에 대한 비판적 입장은 재현하는데 있어서 표상의 근거인 동일성을 지향하는 철학이며 그것이 바로 플라톤이 이야기하는 이데아론이다. 들뢰즈의 플라톤 독해의 진정한 힘은 플라톤주의의 참된 동기가 이데아와 모상의 구분이 아니다. 즉 이미지들 중에 이데아를 모방한 소위 좋은 이미지들인 모상들과 원형들 사이의 나눔이 아니라, 이 좋은 이미지인 모상들과 나쁜 이미지인 시뮬라크르 사이의 나눔이라고 파악한 데 있다. 따라서 이런 플라톤적 결단이 가져다주는 억압, 즉 즉자적으로 차이나는 것들에 대한 억압은 동일성이 지배하는 재현-표상의 세계에서는 성공적이라고 말한다.

**– 전쟁기계**

유목민들은 황폐한 버려진 땅을 계속해서 이주하면서 그들에게 의미 있는 공간으로 만들어나가는 과정을 끊임없이 지속한다. 그것은 유목민의 계속된 여정처럼 고달프고 고된 과정이다. 그것은 안정되고 고정된 하나의 장소에 머무는 것이 아니라 정착할 만하면 다시 새롭게 공간을 찾아 만들어나가면서 끊임없이 자발적으로 안정을 거부하는 과정이다. 공간이 만들어지면 안주하지 않고 자기파괴를 통해 새로운 곳을 찾아 떠나고 새롭게 공간을 개척하는 정신이 유목민의 정신이다. 벤야민의 파괴적, 파토스적 시선 역시 이러한 고정된 요소를 분석하거나 안주하려는 자세이기 보다는 끊임없는 개편과 진행의 과정이었다.

그것은 수목적 위계와 같이 무언가를 강제하고자 하는 법칙과 구조가 명확하게 지배하는 것이 아니라, 어떤 것이나 누군가가 자유롭게 유입되어 접속되고, 소통하고, 만들어지고, 제거되고 하면서, 무언가의 분기를 만들어나가는 리좀(뿌리줄기)과 같이 여러 방면으로 뻗어있고 연결되어 있는 유목적 공간이다. 이것이 바로 들뢰즈가 이야기하는 '기계'의 개념이 될 것이다. 그것은 마치 유목민처럼 자신이 잠시 머물면서 만들어 놓은 삶의 터전을 미련 없이 파괴시킨다. 또는 새로운 곳을 위해 떠나기 위해 방해되는 요소들은 무자비하게 뚫고(침입하여) 무력화시킨다. 권력, 위계, 척도, 질서, 등등 뚫고 가고자 하는 욕망의 선들에 방해되는 것들을 무자비하게 제거하고 새로운 길을 내고 가는 것, 그것은 선각자의 길이자 모든 아방가르드들이 수행했던 길이기도 하고, 자본시장에서 용감한 시장개척자들이 수행했던 방식이기도 했다. 다만 외적 변수를 받아들이는 배치나 위치만이 달랐을 뿐이다. 만약, 이러한 욕망들이 군인들에게 주입되면 그것은 직접적인 전쟁의 도구로 쓰이면서 무자비한 전쟁기계의 역할을 수행할 것이다. 영화『터미네이터 2』에서 등장하는 '기계'가 있다. 바로 미래의 반군사령관이 될 아이를 죽이기 위해서라면 가차 없이 자신의 형태를 변화시켜 목적을 성취하고자 하는 욕망이 흐르는 것, 그것을 통해 형태를 변용하는 것이 전쟁기계이다.

54. 양태를 변화시켜 욕망을 성취하고자 하는 T 2000, 영화「터미네이터 2」의 한 장면

영화『매트릭스 2』에서는 스미스 요원이 수도 없이 증식되며 네오를 포획하고자 한다. 네오를 잡기 위해 스미스 요원의 영혼(욕망)이 일반인들에게 주입되면 그 즉시 양태가 변화되며 스미스 요원으로 형태가 바뀐다. 그들은 살인을 위한 전쟁기계로 사용되다가 네오에게 죽임을 당하면 전기가 관통했다가 빠져나가듯이 다시 일반인의 모습으로 변하게 되는데 이것이 바로 욕망의 목적을 위해 형태가 자유롭게 변화하는 '전쟁기계'의 개념을 보여주는 장면이라고 볼 수 있다.

기관 없는 신체, 추상기계, 전쟁기계 등에 대한 개념을 처음 접하게 되면 매우 생소하게 느껴질 것이다. 기관 없는 신체는 결국 고정되어 있고 닫혀져 있는 유기체와는 달리 기관이 없이 전이 되는 것, 마치 액체와 같이 유동적으로 욕망이 흐르면서 변화할 수 있는 상태를 의미한다. 추상기계는 그러는 가운데 다양한 것(외적 변수)들이 섞여 들어가며 그 외적 변수의 특성이 결합됨에 따라서 탈영토화되며 새로운 것으로 분기되어 나가는 것을 의미한

55. 스미스 요원과 네오의 포섭과 탈주의 투쟁, 영화 매트릭스의 한 장면

다. 또한 전쟁기계는 흐르면서 전이되는 욕망을 달성하기 위해 다양한 요소들을 포획하며 목적을 위해 과감하고 무자비하게 양태를 변화시켜 달성해나가는 '기계'를 의미한다. 무언가 끊임없이 욕망이 성취되면서 변화하기 위해서는 이처럼 기관 없는 신체가 있어야 하며 섞여 들어갈 수 있도록 추상기계(혹은 절단기계)가 되어야 하고 목적을 성취하기 위해 전쟁기계가 되어야 한다.

**– 복합체, 변화와 운동**

기존의 구조 속에 존재하는 요소들을 잘 포착하고 그 요소들의 배치와 접속을 변화시켜 잠재성을 끌어내어 현실화시킬 수 있는 것. 즉, 복제와 형성, 결합과 해체, 변화와 변형을 통해 새롭게 경계면을 정의하여 무언가를 더 드러내고 운동과 효과와 변화를 일으킬 수 있는 새로운 구조를 만들어 내는 것이 들뢰즈가 생각하는 '존재'의 모습일 것이다. 그러나 그 복합체의 구조는 여전히 유동적이며 불완전하다. 따라서 복합체는 완벽하게 결합되기 전의 불완전한 상태이며 복합화되어 무언가의 기능으로 현실화시키기 위해 욕망이 흐르고 각각의 기능을 만들어 내기 위한 방향성을 띠게 된다. 다른 말로 그것은 다른 요소들의 결합을 통해 획득되는 가능성(잠재성)을 말한다.

해체주의 철학에서 변위로서의 텍스트를 써 내려가는 것은 영역의 경계를 넘어서 상호소통하게 하는 작용이다. 이는 텍스트를 중시하여 상호 소통하는 가운데 드러내도록 하는 전략을 사용하는데 반해, 생성의 철학은 그 구조 사이의 상호작용 속에서 드러나지 않은 무언가가 반응하며 새로운 생성이나 변화 움직임을 만들어내며 사건을 일으킬 수 있도록 복합체가 되어가는 과정에 대해서 주목하고 사유한다. 이 부분이 해체주의와 생성의 철학의 근본적인 차이점이다.

## 7010 들뢰즈 철학과 자본과의 관계

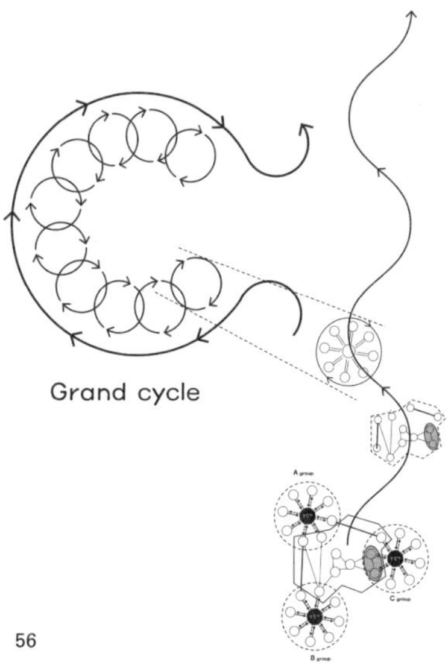


56

'포스트마르크스주의자', 혹은 '후기자본주의 시대의 철학자'로 분류되는 들뢰즈의 사유는 역시 자본의 집적과 순환 및 흐름과 밀접한 관계를 가지고 있다. 들뢰즈가 기술한 다양한 단어와 상징적인 요소들로 설명한 내용들은 사실 자본이 생성되고 집적되고 강력한 힘을 발휘하는 세계관을 뛰어난 상상력으로 예견하고 철학적 언어로 표현한 것이었다. 그의 사유는 후기 자본사회의 무시무시한 집적의 속도와 배치의 흐름에 따른 자본집적이 강력하게 진화하는 과정을 상징한다. 그것은 자본이 추상기계화 되면서 위력을 더하는 과정과 밀접하게 관련된다. 들뢰즈의 사유는 그러한 상황을 효과적으로 파악하고 설명하는 것이 가능한 철학이다.

6권(p30-31)에서 살펴본 바와 같이, 독립적인 기업들은 효율성을 위해 경계를 유연하게 하여 경쟁우위의 요소들을 서로 공유하며 네트워크체계로 변화하고 있다. 그것은 자본의 효율적 집적과 가속화를 위해 조직자체와 행위자체를 더욱 유연하게(아웃소싱) 외부상황에 빠르게 대처할 수 있도록 재구조화시키는 과정이다. 유연화된 조직은 또 다시 분화하여 새롭게 계열을 만들고 그것들이 다시 이와 같은 유연성을 더욱 분화시켜 결합되며 효율적으로 네트워크화를 이루며 안정성을 높이게 된다. 미시적인 시각에서의 이러한 순환은 거시적인 시각에서의 거대순환을 이루면서 경제흐름의 사이클을 이

56. 거대한 순환과 네트워크 구조의 접속과 분기

루게 된다. 들뢰즈는 큰 순환체계에 속해 있는 수도 없는 작은 순환체계들이 어우러지면서 기계로서 욕망의 흐름에 따른 배치와 접합을 이루어 나가고, 집적시키고, 세력화되는 과정을 사유하고 있다.[19-2] 이것은 후기 자본사회의 모습을 충실히 반영하는 세계관이라고 할 수 있다. 어떤 면으로 보면 이 과정에서의 각 주체(전통적인 형이상학적 의미의 주체)들은 힘을 잃고 자본의 배치와 힘에 의해 좌우되며 기계적 힘에 종속되는 듯한 느낌도 드는 것이 사실이다. 개인은 욕망을 쫓아 움직이는 거대한 사회구조의 하나의 부속품 정도로 느끼기에 충분하다. 그것은 우리가 일상에서 흔히 느끼는 감정이다.

들뢰즈는 영토화되고 탈영토화되는 상호 이행의 관계를 매우 중시한다. 그러나 노마디즘(유목적)과 탈영토화를 강조하고 있다고 해서 그의 사고가 단순히 자본의 대안적 탈주의 사유만을 의미하는 것은 아니다. 그의 사유는 탈영토화의 사유를 통해서 경직된 부분을 매끄럽게 만들고자 하는 것을 이야기하는 부분도 있지만 그것만이 전부가 아니라 홈패인 것이 이행하며 상호작용을 통한 안정화(집적) 체계로 이행하는 것도 주요하게 사유한다. 철학의 근본은 우리가 살아가고 있는 동시대의 세계를 이해하는 인식론과 존재론의 영역을 어떻게 사유하는가에 대해서 새로운 해석을 내놓고 이해시켜 많은 사람들로부터 동의를 받고 인정받는 것이다. 들뢰즈는 후기자본주의 사회를 적절하게 바라보는 세계관을 천재적으로 제시했기 때문에 그의 사유체계와 세계관이 전 세계적인 관심을 받고 있는 이유가 되고 있다.

### 7011 '주름'의 사유와 관련된 표현

건축에서 들뢰즈 사유에 영향을 받아서 비선형적, 탈주적 형태와 공간을 추구하는 건축가군들이 있는데, 주로 형태적인 측면에 있어서는 랜드스케이프 건축과 파라미터 건축을 추구하는 건축가군들이 그러한 경향을 보이고 있다. 20세기 후반에 들어오면서 공간의 논의가 활발하게 이루어진 이유 중 하나는 신체성을 강조하는 현상학적 사유에 영향을 많이 받았기 때문이다.

19-2) 경제는 거시적인 순환속에 수도 없이 많은 작은 순환구조로 구성되어 있으며, 주식의 그래프 역시 이러한 미시적 순환(파동)과 거시적 순환이 계속 이루어진다.

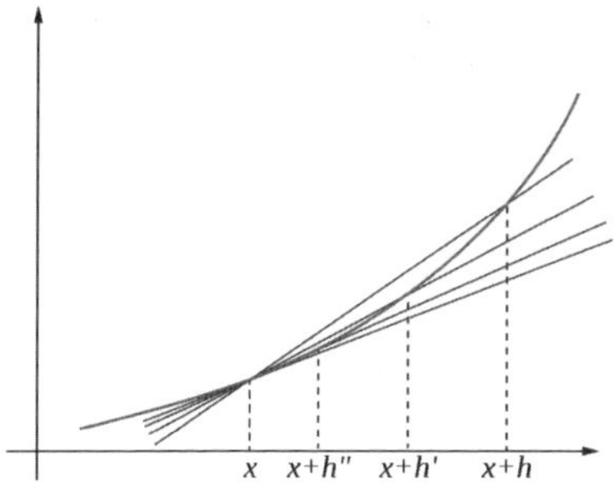

57

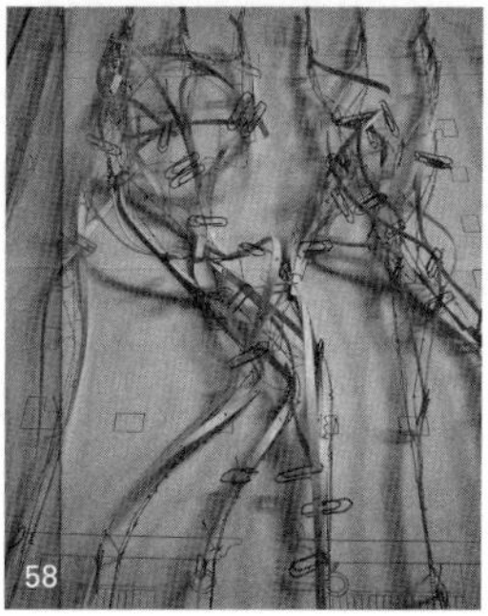
58

우주는 궁극적으로 접선이 없는 곡선에 따라 물질에 곡선이나 소용돌이의 운동을 부여하는 작용적인 힘에 의해 압축되어 있는 것과 같다. 그것은 두 층 사이, 두 미로, 물질의 겹주름과 영혼의 주름 사이에서 작용하는 시뮬라크르의 움직임과 변화이다. 시뮬라크르는 이 같은 구도 속에서 감각적인 차원 쪽으로 무한히 내려간 끝에 있는 것과 같다. 그러한 시뮬라크르가 펼쳐질 수 있도록 하는 것이 분기이며 계열들이 발산하는 어떤 점을 분기점이라고 한다.

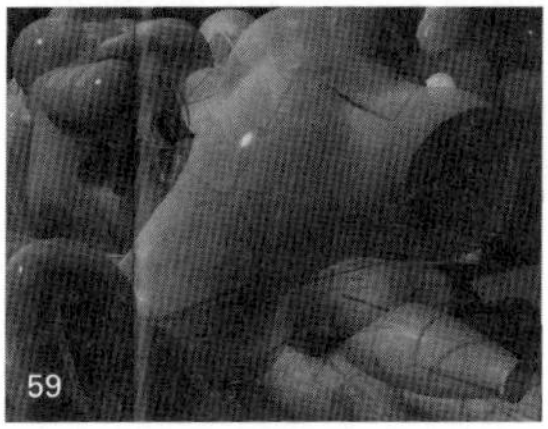
59

펼쳐짐은 확실히 접힘의 반대나 소멸이 아니라 접힘 작용의 연속 또는 확장, 접힘의 현시顯示되는 조건이다. 접힘이 재현되기를 멈추고, '방법' 작동, 작용이 되면 펼침은 바로 이러한 방식으로 표현되는 작용의 결과가 된다. 들뢰즈는 이와 관련하여 '모나드에서 겹쳐져 있던 주름이 펼쳐져 나가고 다시 접혀지는 양태는 현실화되는 하나의 잠재태이며 물질 또는 신체속에 실재화 되어야 하는 가능태가 된다.' [20] 라고 언급한다.

들뢰즈는 라이프니츠와 스피노자를 비교하는 문장을 통해 들뢰즈가 많은 영향을 받았던 철학자들의 특성을 받아들이고 분류하게 되었다. 들뢰즈는

20) 질 들뢰즈, 주름: 라이프니츠와 바로크, 이찬웅 역, 문학과지성사, 2004, p71 인용

57. 미분의 접선 개념과 그래프

58. 다양한 흐름과 주름의 건축구축적 이미지

59. 배아, 유기체의 건축적 이미지

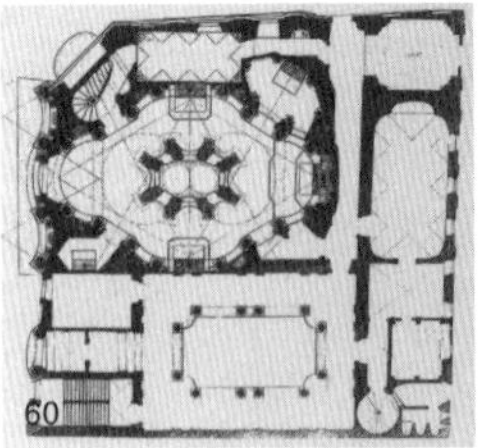

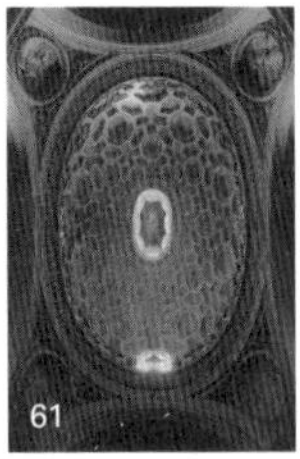

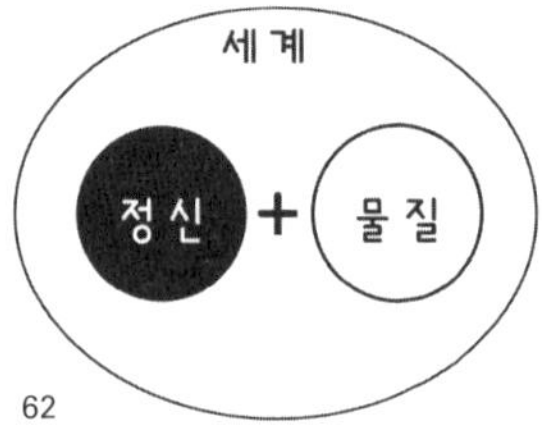


이 두 철학자를 다음과 같이 언급하고 있다.
**'스피노자의 철학이 햇빛으로 가득한 한낮의 이미지를 갖는다면, 라이프니츠의 철학은 별빛으로 반짝이는 밤하늘의 이미지를 갖는다. 라이프니츠의 우주 안에는 무한히 많은 점들의 빛과 노래로 가득하다. 점들은 내포된 에너지를 방출하면서 빛나고 노래한다. 다시 말해, 형이상학적인 점들 또는 모나드들이 자기 자신을 펼치는 것은 그것이 균형 상태의 무엇이 아니라 성장하는 무엇이기 때문이다. 그래서 주름은 바로크와 관계를 맺고 있다.'**[21]
이에 대한 현대건축의 사례로 렘 콜하스의 건축은 외부의 체계는 도시에 순응하기 위해 그리드체계의 단순한 박스 안으로 진입하면 바로크건축의 내부에서 보이는 전체적 시점에서 주름이 펼쳐지는 공간과 같은 이미지를 느낄 수 있도록 계획된다.
라이프니츠의 사유가 모나드로 대표되듯이, 들뢰즈는 에너지가 응축되어 있는 것이 펼쳐지는 라이프니츠의 사유와 직관지로 대표되는 통찰력으로 가득 차 있는 스피노자의 사유를 통해 생기적 관점의 변화와 흐름의 존재론을 주장한다. 라이프니츠가 이야기하는 모나드의 유일한 창문이자 유일한 통로는 정신적인 통로이다. 상위의 정신계에서 벌어지는 원리를 그는 예정조화의 원리로 언급했다. 그것은 필연적인 숙명의 흐름은 아니지만 자발적인 것과 공동의 노력이 함께 어우러져 조화를 이루는 것이다.
베르그송, 니체, 들뢰즈의 영향과 접속과 분기의 과정을 중시했던 화이트헤드의 사유 등은 후기구조주의 입장의 차이를 중시하는 내용으로 변화되었

21) 같은 책 p51
60. 성 카를로 성당 평면
61. 성 카를로 성당 돔 내부
62. 스피노자의 범신론적 사유체계

다. 후기구조주의는 역동적인 힘의 논리를 끌어들이고 통합시켰다. 전술한 바와 같이 라이프니츠가 이야기하는 모나드는 자족성을 지니고 있다. 모나드는 접혀져서 주름으로 되어 있고 그것이 펼쳐지고 접혀지는 사이공간의 빈위賓位(빈공간)가 존재한다. 모나드 속에는 이러한 빈위들이 존재하고 현상계에 표현되는 주름(지각)과 또 다른 지각에 이르게 하는 힘(변화의 욕동)이 함께 공존하는 구조로 되어있다고 라이프니츠는 생각했다. 모나드는 주름이 펼쳐지면서 다양성과 차이를 만들어내는 분기를 이루어내고 다시 접히면서 다음 분기를 이루어 내기 위해 에너지를 집약한다.

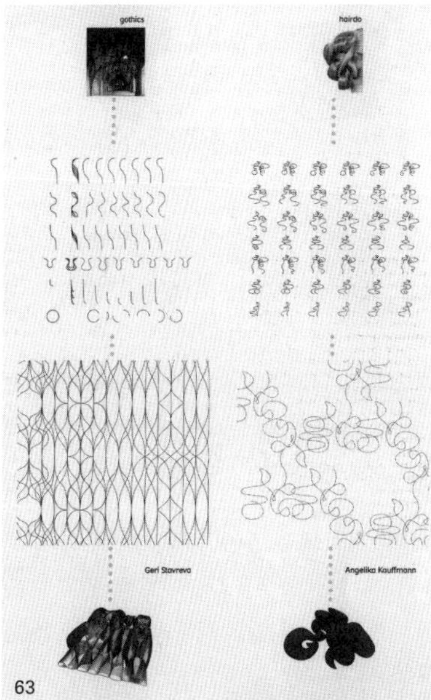


주름은 의미화되고 의미sens(진리의 조건)가 되는 과정의 메커니즘이지 실제 진리 그 자체는 아니다. 전술 하였듯이 'what is~' 는 무엇인가에 대한 정의를 내리고 완결되는 문장이지만 주름의 메커니즘에서는 'which is...'로 배치되어 연결된다. 연결되면서 분리접속, 연결접속을 계속해 나가는 과정 속에서 새롭게 분기를 이루어나가는 것이 주름이다.

변화와 욕구가 공존하고 이것이 펼쳐지면서 다양한 것들이 접속된다. 이 과정에서 새로운 차이를 만들어내게 된다. 모나드 속에는 빈위들이 차곡차곡 쌓여서 접혀져 있다. 접혀져 있는 것이 펼쳐짐에 따라 세계의 변화가 생성되게 된다. 모나드는 본질적으로 욕동의 자기 활동성이 있어서(욕동이 내재화 되어

63. 주름의 이미지와 구축적 이미지

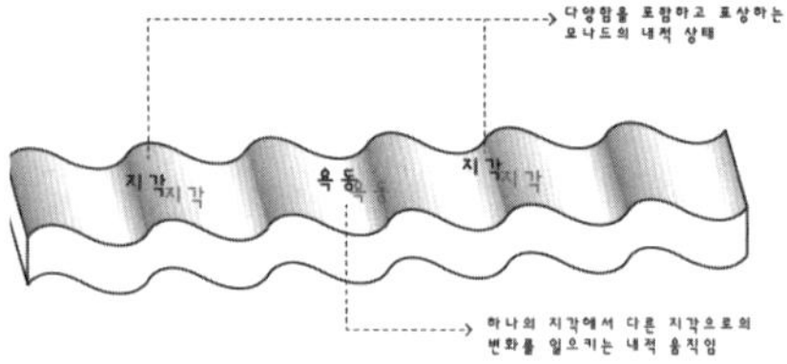


64, 22) 모나드에 내재된 지각과 욕동

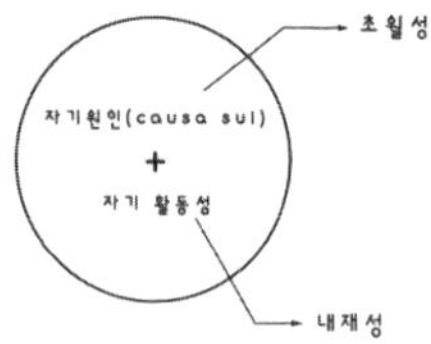


완성태인 모나드

있어서) 끊임없는 변화의 과정을 추구한다.

모나드 내에 잠재되어 있는 빈위들은 펼쳐지면서 구체화되고 그것이 다시 다른 구체화된 것들과 접속하여 접혀지고 펼쳐지는 과정을 반복하게 된다. 그는 그것을 접혀져서 수렴과 발산의 과정이 계속되는 세계의 변화양상이 지속되는 구조로 생각했다. 비물질적인 모나드는 수렴을 통해 영토화를 이룬다. 이렇게 펼쳐진 것은 다시 접히면서 발산되고 탈영토화를 이루게 된다. 이러한 과정을 통해 새롭게 분기되고 생성되면서 복합체가 되는 것이 진정한 의미의 주름이라고 보아야 할 것이다. 모나드는 내재되어 있던 욕동이 주름, 빈위, 특이성의 특성을 보이면서 발동하여 하나의 지각으로 수렴되고 이것이 현실화되는 과정이다. 이렇게 수렴과 발산을 통한 펼쳐짐과 접힘의 관계는 순환되면서 거대한 사이클을 이루게 된다.

소위 파라미터 건축을 추구하는 건축가들의 작품과 작품을 설명하는 논의를 살펴보면 들뢰즈가 말하는 '차이와 반복'의 개념을 도입하여 설명하는 경우가 많다. 들뢰즈의 저서『차이와 반복』의 내용에서 영감을 얻어 작업하는 건축가들 중 일부는 계속해서 끊임없는 변곡점이 연속되면서 차이와 분기를 만들어가는 파라미터 디자인을 추구해왔다. 이러한 내용은 초기의 아방가르드적인 시도로서는 의미가 있다고 여겨지나 자유로운 곡선의 끊임없는 변곡점만으로 계속되는 탈주와 잠재성을 드러내는 분기의 작용을 이루고 있다고 보는 견해는 그다지 바람직하지 않다. 그러한 디자인이 이제는 새로

64. 모나드의 작용

22) 이영미, 천득염, 후기구조주의의 생성의 관점을 통해 본 라이프니츠 모나드론의 건축 철학으로서의 가능성 , 대한건축학회논문 v.24 n.6, 2008 다이어그램 인용

운 분기의 창조가 아니라 이미 하나의 유형으로 고착화되어 고정된 스타일이 되어버렸기 때문이다. 실제로 파라미터 건축을 추구하는 그룹은 오늘날 그들 자신의 논리를 만드는데 가장 많은 에너지를 집중한다. 이미 3D툴의 발전으로 인해 그런 유형의 건축디자인을 추구하고 표현할 수 있는 능력이 보다 쉬워지고 보편화되고 있기 때문이다. 이제는 그러한 흐름의 건축경향을 만들어나가는 건축가들에게 새로운 것을 제시하는 아방가르드적 '분기'의 이미지를 확대 재생산하는 것이 중요한 것이 아니다. 그보다는 그것이 어떤 이유로 또 어떠한 힘에 의해 그러한 이미지가 나오게 되었는지에 대한 논리를 만드는 것이 더욱 중요한 일이 되어버렸다. 그만큼 파라미터 건축으로 언급되는 유기적, 부정형의 비선형 건축은 아방가르드의 자리에서 빠르게 이탈하고 있다.

2000년대 중반까지 들뢰즈나 라이프니츠의 철학적 사유에 영향을 받아 작품 활동을 한 건축가군 중에는 주름이라는 사유에 직접적으로 영향을 받아서 '주름'의 이미지를 건축적 구조 및 형태를 즉물적으로 디자인하는 계획안을 내놓은 경우가 많이 있었다. 그 당시 컴퓨터 3D 툴의 발전으로 파라미터 건축을 추구하는 건축가들이 주름과 같은 복잡한 형태를 디자인하는 것이 상대적으로 무척 용이해졌다.

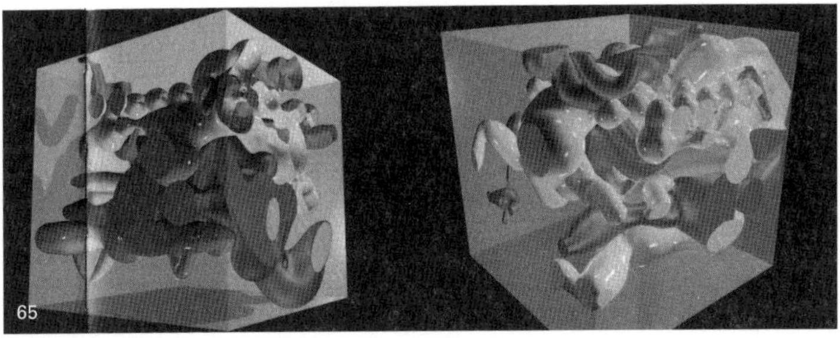


65. NOX, machining architecture

실제로 건축 자체가 주변의 지형이 되면서 벽과 슬래브가 유동적으로 연결되고 다중심의 다양한 동선이 결합되는 형식의 랜드스케이프 건축landscape architecture을 추구하는 건축가군이나 다양한 내적, 외적 파라미터parameter를 이용하여 자유로운 곡선을 사용하여 주름과 같은 끊임없는 변곡점이 있는 작품을 구사하는 것이 보편화될 수 있게 되었다. 이러한 건축가군들은 대부분 라이프니츠와 들뢰즈의 '주름'에 대한 개념에 심취되어 있다. 그러나 살펴본 바와 같이 철학적 의미에서 주름은 직접적인 형태로 나타나는 주름이 아니라 상징적인 의미에서 순환과정을 설명하기 위해 도입한 것이다. 본질적인 의미를 도외시한 채 주름이라는 논의가 직접적으로 주름의 형태로 표현되는 것은 문제가 있을 수 있다.

### 7012 들뢰즈와 노자의 사유와의 유사성

세상의 사유는 논리적이고 관념적인 것을 대상으로 하는 것도 있고 그와는 달리 동動적인 것을 사유하면서 변화하는 것에 대한 논쟁이 상호균형을 이루어왔다. 정신세계에서 사상의 균형을 맞추면서 발전하기 위해서는 상대적이면서 당파적인 쌍방의 사유가 필요한 법이다. 서양철학의 전통적인 관념론과 7권의 주제에서 집중하고 있는 '생의 철학'의 계보가 그렇고 정, 반의 매개적 방법론인 변증법이 그러하며 동양에서는 공자의 사유와 노자의 사유가 대립되는 것이 유사하며 우리나라에서는 이황과 이이의 이기론理氣論 논쟁이 그러하다.

이들의 논쟁은 모두가 '세상에 고정불변의 관념적 법칙이 존재하는가?'에 대한 주장과 함께 변화하는 무언가에 대해 주장하는 것이 상호 당파적 투쟁과 정치적 입장과 결합되는 역사를 만들어 왔다. 움직임과 변화를 사유했던 노자의 사유는 생의 철학의 계보인 들뢰즈와 노자의 사유에는 여러 가지 공통점을 발견할 수 있다. 들뢰즈가 노자의 사유로부터 영향을 받았는지에 대해서는 문헌상 직접적으로 언급된 부분은 없다. 그러나 다음의 노자의 사유의 핵심을 살펴보면 앞서 살펴본 들뢰즈의 사유와의 관계성과 유사성에 대해서 인식할 수 있을 것이다.

서양 정신계에서는 전통적으로 경험/현상/실재/감각/변화의 세계를 수준이 낮은 개념 및 사유로 치부해왔다. 왜냐하면 이러한 요소들은 모두가 고정불변하는 것이 아니라 시시각각 변화하는 것이기 때문이다. 이들 요소들은 끊임없이 변화, 운동하며 유한하다. 그래서 이러한 것들은 전통적인 관념론 계열의 철학자들에게는 순수하고 순결하지 못한 요소들이며 혼돈 및 잡종hybrid의 것들로 보았다. 크게 보았을 때 서양은 사유의 구조물이며 동양은 경험의 구조물로 볼 수 있다. 서양 정신계에서는 이들 요소를 지배하는 상위의 무언가가 존재할 것이라고 생각했다. 변하지 않는 이데아 세계의 전통은 그렇게 형성되었다. 관념의 사고는 머릿속에서 상상하는 완벽한 것, 무언가 이 세상에 존재하지 않는 것(눈에 보이지 않는 것)에 대해서 사유하기 때문에 고정된 무언가를 사유하는 것이다. 따라서 관념적이고 구축적이다. 눈에 보이지 않는 것을 설명하기 위해 논리에 의해 차곡차곡 구축하여 공고한 논리의 덩어리를 만들어내야 한다. 따라서 그것은 짜여지는 것textile으로 쉽게 비유되기도 한다.[23] 그리고 구축되는데 불필요한 잡스러운 것에 배타적이 되기 쉽다. 이것이 바로 관념론의 특징이자 한계로 드러나는 부분이다. 근대철학 및 모더니티와 함께 등장했던 모더니즘은 이러한 특징으로부터 나온 이성적 사유의 본질, 실체관을 근본으로 생각하는 정신계의 경향으로 볼 수 있다.

노자철학은 '관계의 철학'이라고 말할 수 있다. 관계의 철학은 하나의 개념으로는 설명이 불가능하다. 그 이유는 끊임없는 운동과 변화를 만들어내기 때문이다. 그것은 이성을 부정하고 변화하는 경험의 영역을 긍정하는 것이다. 세계는 유有와 무無의 상호의존의 '관계'이다. 유는 무를 기다리고 또한 무는 유를 기다리며 서로에게 의존한다.[24] 따라서 세계는 유와 무의 조합 및 상대적인 면으로 이루어져 있다. 그래서 노자는 세계는 상호 다른 힘의

23) 최진석, 생각하는 힘 노자인문학, 위즈덤하우스, 2015, p191
24) 같은 책, p135

대립면에 존재한다고 보았다.[25] 서양철학의 존재론적 개념, 관념적 개념과는 달리 관계로 이루어져 있음을 알 수 있다. 마치 꼬여있는 새끼줄처럼 여러 가지의 요소들이 상보적으로 뒤섞이면서 서로를 기다린다. 그리고 서로 다른 요소들의 경계면이 형성된다. 그리고 순환한다. 모두가 들뢰즈의 사유들에서 나온 키워드들과 유사함을 느낄 수 있는 부분이다.

공자의 인위적 정치사상과 대립하여 노자는 도道라는 개념을 설정하고 이를 설명하기 위해 음, 양의 상대적인 개념을 도입하여, 세계는 도道로부터 나오고 '도'에 의하여 생성·사멸의 운동을 한다고 하는 객관적 관념론을 전개했다. 근대 이성의 공고한 구축물과 같은 구조에 대항하여 생성, 효과, 사건 등의 운동과 변화에 대한 주제를 주요한 사유 대상으로 풀어나갔다는 점에서 노자 사유의 유사성과 학문적 연계가 가능하다. 이제 설명하게 되는 노마디즘의 공간담론은 역시 노자의 사유와 음양의 조화에 대한 훌륭한 유추가 될 것이다.

### 7013 노마디즘 공간담론[25-2]
### – 들뢰즈의 홈 패인 공간과 매끄러운 공간

들뢰즈의 저작에서 공간에 대해서 직접적으로 언급하고 있는 부분은『천개의 고원』에서 '홈패인 것과 매끄러운 것'이란 챕터이다. 이 챕터의 사유를 살펴보면 그의 생성의 사유가 공간에서 어떤 방식으로 작동하여 적용되고 응용될 수 있는가에 대해서 영감을 얻을 수 있다. 전술한 바와 같이 플라톤은 현상계를 이데아의 복사물에 불과하다고 보았다. 그는 이데아의 세계를 참된 세계 혹은 불확실성의 세계로 보았다. 이러한 이분법에는 이미 가치론적인 위계 관계가 개입되어 있음을 전제한다. 다시 말해 이데아가 상위, 그것의 복사물인 물질세계가 하위에 있다는 생각이 밑바닥에 전제되어 있는 것이다. 플라톤 식의 이러한 배타적 구분은 중세의 교부 신학과 결합되어 천국과 속세의 이원론, 내세와 현세의 이원론, 영혼과 육체의 이원론으로 이

25) 같은 책, p195
25-2) 7013의 내용은 임기택, 이영수, 들뢰즈 공간담론과 유연적 생산구조의 관계성에 관한 연구, 대한건축학회 논문집, 22권 6호, p87-89의 내용을 요약했음

어졌다. 이것이 이분법적인 서양의 시각에 지대한 영향을 끼쳐왔다. 이러한 이분법의 시각에서 데카르트의 정신과 물질을 철저히 구분하는 자세가 나오게 된 것은 자연스러운 일이라고 할 수 있을 것이다.

Tree

Rhizome

66

동양사상에서도 음양의 이분법이 있지만 서양과 같이 배타적이거나 초월적인 것은 아니다. 동양에서의 음과 양은 서로 보완해주고 서로가 서로를 기다리는 관계를 강조하기 위한 이분법이다. 그의 사상은 동양의 음양오행과 노자사상의 요소들과 매우 닮은 부분이 많다.

유연적 공간에는 시간의 요인factor(유목적 공간, 매끄러운 공간)이 들어가게 되어 있고, 정주적 공간(홈패인 공간)에는 시간 요인이 들어가 있지 않은 경우가 많다. 홈 패인 것의 사례로서 정부의 통제를 받고 지목과 지번이라는 홈이 매겨져서 각종 제도권의 간섭을 받는 도시는 홈 패인 공간이라고 할 수 있고, 바다는 유목적 공간이라고 할 수 있다. 시간이 현상 세계를 지배하는 본질적, 근원적인 요소라고 한다면, 분석적 이성悟性은 시간을 공간화하는 것이라고 할 수 있다. 한편 합리적 이성이란 지속持續적인 살아있는 시간 가운데 무언가 새로운 것을 끊임없이 지속시켜 특정한 법칙으로 만들 수 있는 것을 말한다.[26] 이 내용 역시 베르그송의 시간관과 지속의 개념이 녹아들어간 것이라고 할 것이다.

정주적 공간(홈패인 공간)이라는 것은 명사나 형용사와 같아서 틀에 의하여 그대로 형성되는 것과 같이 외연적 공간이라 칭할 수 있다. 여기서 홈을 파는 행위는 매끄러운 철판에 끌로 홈을 파는 행위를 연상하면 된다. 그 위에 물방울을 올리고 움직이면 홈패인 곳에 물방울은 흐르다가 멈출 수밖에 없다. 그것은 공간에 지번을 새기는 행위와 마찬가지로 일종의 관리 및 통제 행위이다. 그러나 유목적nomadic공간이란 동사와 같이 질료가 움직이고자 하

66. 수목구조와 리좀구조

26) 그것은 연속적인 것에서 불연속적인 것으로, 질적인 것에서 양적인 것으로, 창조적인 것에서 고정적인 것이나, 법칙성(공간화 하려면 전환해야 함)이 있는 것 등으로 끊임없이 서로를 왕복하는 과정이다. 수목적 모델로서 르 꼬르뷔지에의 빛의 도시 계획을 들 수 있고, 이것은 최근 유행하고 있는 디지털 건축의 액상공간Liquid Architecture의 사례들에서 보이는 공간과는 대조적으로 볼 수 있다.

| 홈 패인 공간 | 매끄러운 공간 |
|---|---|
| 국가장치 | 유목생활 |
| 정착 | 잠재성을 지닌 유목 |
| 직물 | 펠트 |
| 사실상 뒤섞여서 존재한다. 단순대립-혼합, 사실상의 Passage, 이행의 과정을 상징 | |
| 뜨개질의 바늘의 역할 | Patchwork |
| 데카르트적인 공간 | 리만적 공간 |
| 선→선(함수관계) | vector,(위상기하적 공간) |
| 붕어빵의 주물 | 붕어빵 주물을 깨고 나가는 질료의 힘 |
| 제국(수직적 나무체계) | 도시국가(등방적) |
| 명사+형용사의 세계 | 동사의 세계 |
| 원거리 파악 | 근거리 파악 |
| 지능, 법칙성 | 후각, 촉각등의 본능적 직감 |
| 홈 패인 공간 ↔ 매끄러운 공간 | |

는 힘을 가짐으로써, 유동하는 형식이 형성되게 되고 그 움직이는 모양에 따라 형태를 형성하며 유동하게 된다. 마치 붕어빵 주물이 무언가를 찍어서 형성하려 하는 성질이 있어서 정주적 개념으로 설명 가능한 반면, 유목적 공간은 그러한 붕어빵의 주물대로 찍히는 것이 아니라 붕어빵 속의 질료가 주물을 벗어나 자유롭게 유동하려하는 힘과 에너지를 의미하게 된다.[27]

이러한 사고는 기존의 것을 자유롭게 조합하여 만드는 패치워크식의 작업이다. 즉, 이전에 있던 것과는 완전히 다른 사고체계라기 보다는 기존하고 있는 사유들을 조합하거나 패치워크, 패티쉬, 꼴라주 하여 기존 것인 것 같으면서 차별화를 이루는 이른바 '분기'의 사유체계를 말한다. 또한 공간에 있어서도 이러한 방법론이 사용되고 있다. UN Studio가 이미지로 제시한 매니멀(인간+사자+뱀)의 기묘한 형태는 인간도 사자도 그리고 뱀도 아닌 그러나 인간과 이들 동물들을 동시에 연상시켜 낼 수 있는 다른 차원의 화학적 변화를 보여주는 방법론이 될 수 있다.

67

두 가지 상반된 성격의 내용들이 단순한 대립적인 양상으로 존재하는 것이 아니라 복잡한 차이, 사실상 혼합된 상태에서 요소들의 관계와 생성의 힘에 의해 하나로부터 다른 하나로 이행passage하는 것이다. 홈패인 것에서 매끄러운 것으로, 다시 매끄러운 것에서 홈패인 것으로 이행을 야기하는 완전히 비대칭적인 혼합이 이음매 없이 매끈하게 미분적인 형태로 이어

표. 홈패인 공간과 매끄러운 공간의 비교분석

67. 뫼비우스띠와 상호이행의 은유

27) 그러한 공간은 intensive한 공간이며 강렬한 내표적 공간이다. 강도의 연속적 변주(변이) Continuous Variation (of intensity)를 이루는 공간이 매끄러운 공간이라고 말 할 수 있다. 그 자체로 하나의 완결적인 형태와 공간을 가지는 사각형, 삼각형, 원(□ △ ○)과 같은 것들은 그 자체로 깰 수 없는 구분이 있지만, 반대로 유목적 공간에서는 함수적 관계가 아닌 비 유클리드적이고 위상기하학적 공간체계가 이루어진다. 이러한 시각 자체가 바로 재현적 측면에서 형태의 자유로움을 만들어내는 공간이 된다.

진다. 그것은 들뢰즈가 예시로 들고 있는 펠트의 성격과 같이 무한히 열려 있으며 앞면과 뒷면도 존재하지 않고 고정되어 있지도 중심을 가지고 있지도 않다. 그것은 엉킴과 섞임이 존재하는 가운데 하나의 질서를 이루게 되는 과정이다. 누더기와 같은 다양한 조각들을 맞추어 전체적인 이미지를 만들어 가는 패치워크Patch work작업[28]은 여러 가지의 꼴라쥬 기법들과 함께, 질적으로는 훨씬 풍부하고 역동적인 공간을 만들어 낼 수 있다. 모더니즘이 주체 중심적 사고라고 한다면 이러한 매끄러운 공간에 해당하는 것은 잠재성virtuality이 충만한 공간이고 이것은 현실적으로 존재를 드러내지 않지만 드러내는 것과 마찬가지의 모습을 띠고 있다고 말할 수 있다. 매끄러운 공간은 무언가 정형적인 형태가 존재하는 것은 아니다. 그러나 매끄러운 공간은 이후, 무언가의 실제적 형태(현실태)로 반드시 나타나게 된다. 이것은 앞서 살펴보았던 잠재적인 것과 현실화되는 것의 순환과정을 설명해준다.

6권에서 언급한 포스트포디즘의 사회 이후 정보사회로 들어서면서 현대의 많은 나라들은 지방분권과 지방자치를 통해 중앙집권적인 체계에서 보완된 방향으로 나아가고 있으며, 흐름의 공간, 유목적 공간 등을 통해 중앙통제의 수목적 위계공간에서 탈영토적, 끊임없는 탈주의 공간을 만들어 내고 있다. 그러한 공간체계는 끊임없는 꼴라쥬와 같은 패치워크된 도시구성체계이며 계속적으로 쌍방향적으로 반응하며 재생성되는 위상기하적 공간체계라고 할 수 있다.

| | 탈산업화 시대와 사이버 네트워크공간 | 들뢰즈의 매끄러운 공간 |
|---|---|---|
| 권력관계 | –지방분권, 지방자치 | –도시국가 |
| 공간의 위계 | –흐름의 공간<br>(Space for flow) | –유목생활, 유목적 공간 |
| 공간의 변형 | –유연성과 보완성 경향 | –붕어빵 주물을 깨고 나가는 질료의 힘 |
| 공간의 형태 | –탈근대적 공간<br>–결절성, 분산화<br>–일상생활의 복잡화, -레이어 | –vector,(위상기하적 공간)<br>–리좀적 공간<br>–Patchwork |
| 공간의 동선 | –쌍방의 흐름 | –동사의 세계 |

28) 질 들뢰즈, 김재인 역, 천개의 고원, 새물결, 2001, p 910

표. 네트워크공간과 매끄러운 공간과의 비교

현대건축가들 중 많은 수가 들뢰즈 이론 중 리좀적 공간에 많은 관심을 가지고 작업을 하고 있는 가운데 기존체계나 표현방법과는 다른 방식의 위상기하적, 리만적, 노마드적Nomadic 공간들을 유행처럼 선보이고 있다. 그러나 들뢰즈의 공간철학은 그 자신이 철저한 마르크시스트였던 바와 같이 자본주의 체계에 대한 대안을 제시한 것으로 볼 수 있으나 이에 관해서는 논란의 여지가 있다. 그는 이론적으로는 대안적인 공간체계나 사회 구성체계로서의 모델을 제시한 것이고 그런 면에서 그의 저작은 자본주의에 반하거나 일정부분 무정부주의적Anarchism인 측면도 존재하는 것이 사실이다.

| 홈패인 공간 | 매끄러운 공간 |
|---|---|
| 사실상 뒤섞여서 존재. 단순대립-혼합, 사실상의 Passage, 상호간의 끊임없는 이행의 과정을 상징<br>'사건의 철학', 시뮬라르크의 철학의 근본적인 생각 | |

앞의 홈 패인 공간과 매끄러운 공간을 비교분석한 표에서와 같이 홈 패인 공간과 매끄러운 공간은 상대적인 개념이 강하지만, 들뢰즈는 홈 패인 공간과 매끄러운 공간이 완벽하게 상치되는 것이 아니라, 사실상 뒤섞여서 존재한다고 강조하고 있다. 들뢰즈는 이것을 단순한 대립이 아니라 그러한 대립적인 요소들이 혼합되어 사실상 계속적으로 움직이고 있는 통로passage(움직임 강조)라고 주장한다.

여기서 중요한 점이 있다. 앞서 언급한 바와 같이, 홈 패인 것에서 매끄러운 공간으로 넘어가는 순간이나 역순의 순간에 나타나는 변곡점을 특이점이라고 한다. 여기서 특이점[29]이란 공간이 꺾이는 지점이다. 시간이 현상 세계를 지배하는 본질적이고 근원적인 요소라고 한다면, 분석적 이성悟性은 시간을 공간화하는 것이라 할 수 있

표. 홈 패인 공간과 매끄러운 공간의 특이점 특성
68. 유동적 흐름의 건축 디자인
29) 여기서, 시간-'사건'은 사건들의 분포, 배치를 파악하는 것이며, 사건이 벌어짐으로서 그 사건이 계열화되고 이것이 연결되어 만들어지게 되는 개념이다. 상호간에 끊임없는 이행의 과정을 상징하면서 '사건의 철학'이라는 개념이 나타나게 된다. 건축에 있어서는 사이공간에서 나타나는 다양한 행위들과 동선을 통해 활력을 불러일으키는 요소로 작용하며 버나드 츄미가 '이벤트 공간'이라는 개념으로 해체주의에서 사용한 예와 같다고 할 수 있다.

고, 합리적 이성이란 지속持續적인 살아있는 시간 가운데 무언가 새로운 것을 끊임없이 지속하여 특정한 법칙으로 만들 수 있는 것을 말한다.[30] 그것은 연속적인 것에서 불연속적인 것으로, 질적인 것에서 양적인 것으로, 창조적인 것에서 고정적인 것이나, 법칙성(공간화하려면 전환해야 함)이 있는 것 등으로 끊임없이 서로를 왕복하는 과정이다.

들뢰즈는 이러한 개념을 사용함에 있어서 기존 홈 패인 것(A)에서 매끄러운 공간(B)으로 전환하기 위한, 혹은 좀 더 새로운 C를 만들기 위한 과정으로서 그러한 개념을 도출했었지만 건축가들은 그러한 변곡점과 사건이 일어나는 공간을 철저하게 많은 사람들이 모여 더 많이 즐기며 소비할 수 있는 공간을 만들어내는 것에 그러한 개념을 사용하고 있다. 홈 패인 공간은 매끄러운 공간으로 항상 반전되며 회귀하고 있다. 이 두 공간의 구별과 단순하지 않은 상호관계에 관해 많은 질문이 일게 되어 있다. 자본에 의한 홈 패임의 끝에서 일종의 매끄러운 공간이 만들어진다.

**– 재영토화 vs. 탈영토화**

잠재태와 현실태의 순환과 관계되고 분기의 흐름을 만들어내는 요소를 설명하는 또 하나의 개념으로 재영토화와 탈영토화가 있다. 탈영토화되는 것은 계속해서 동일화되고자 하고 머물려고 하는 것을 거부하고 끊임없이 탈영토화하면서 새로운 무언가로 분기해 나가고자 하는 유목적 자세이다. 탈주하고자 하는 욕망은 단순히 동일성에 근거한 배치로 동일하게 나아가고자 하는 것을 극복하고 새로운 배치와 변이의 과정을 통해 새로운 분기로 나아가고자 하는 고통스러운 과정이다. 노마디즘은 끊임없이 탈영토화하기 위해 창조적인 탈주선을 선택하여 변화하는 것이다. 재영토화는 홈 패인 특성을 가진 것이 새롭게 변화하여 더욱 홈 패임을 공고하게 하는 것이지만 탈영토화는 계속해서 매끈한 접속이 가속화되어 새로운 것으로 분기되는 것을 의미한다. 그래서 탈영토화는 머무르고자 하는 유혹을 뿌리치고 홈 패

30) 이정우, 사건의 철학, 철학아카데미, 2002, p225

이고자 하는 의도를 거부하면서 계속해서 떠나고자 하는 태도이며 기생하면서도 동시에 새롭게 분기하는 것이다. 앞의 글에서 우리는 들뢰즈의 철학이 무언가에 머물러 있거나 가치를 지키려고 하는 자세가 아니라 끊임없는 변화를 추구하는 사고임을 확인할 수 있다. 이런 의미에서 그의 사유는 정치적으로는 우익의 보수적 사유라기보다는 좌파적인 사고에 더 적합한 논리인 것을 자연스럽게 감지할 수 있다.

### – 들뢰즈 공간담론상의 탈구조화

들뢰즈의 사유체계는 수많은 '비질서들'의 접속들이 새로운 생성의 체계로 분기되어야 한다는 문장으로 요약할 수 있다. 그의 사유는 무질서도 아닌 무수한 비 질서들의 공존과 접속이라는 새로운 사유를 극한까지 밀고 나가고 있다. 이것은 다시 말해 잠재적인 것과 실제적인 것으로 설명이 가능하다.
그의 사유는 '포스트모더니즘'으로 인해 나타나는 다양한 양태의 극단적인 측면과 함께 그것의 한계와 탈출구를 동시에 보여주고 있다는 점에서 각광을 받고 있다. 또한 다양성을 기본으로 하여 다른 여러 체계들을 새롭게 통합하고 종합할 수 있는 길을 열어준 사유를 했다는 긍정적인 측면이 있다.
들뢰즈 저작의 특성에 영감을 얻은 건축적 현상은 다양한 동선이 복잡하게 교차되는 모습으로 점차 변모해 왔다. 이러한 표현의 양태는 바둑과 같이 다양한 연결선들의 봉쇄와 차단과 연결과 접속(영토화, 탈영토화, 재영토화 등의 개념)으로 짜여지는 거대한 네트워크적 사유의 구축 행위와 유사하다.
들뢰즈의 저작에서 영감을 얻어 표현되는 건축은 네트워크적이고 위상기하적, 비선형적인 건축의 내외부가 불명확한 경향을 만들어 내고 있다.
후기구조주의 담론에서 일부 포함되고 들뢰즈 이론의 주요 결과로 나타나는 것이 탈영토화와 재영토화를 통해 기의(의미)의 끊임없는 변화를 추구하고 있다. 이렇게 형성된 중심이 다시 다중심으로 나아가는 것은 이처럼 특이점들을 지속적으로 더하면서 변화되어 나가는 것이며, 이러한 가능성을 바탕으로 한 조직의 성격을 열어 둔다는 의미이다. 이를 건축 공간에 적용하면, 네트워크를 통해 연결된 도시들이 각각의 중심을 형성하고, 중심 상호간에 변화를 주고받는 것으로 이해할 수 있다. 또한 이것을 유기체와 연결시켜 생각하면, 고정되어 있지 않은 중심을 갖고 고정된 기능을 가지지 않는 유기체, 즉 '기관 없는 신체'가 되는 것으로 설명될 수 있다.
오늘날 자본의 순환이 가속화되기 위해서 형식성이 짙었던 수목적 조직은 리좀적인 유연한(혹은 매끄러운) 구조로 변화되고 있다. 이것은 들뢰즈의 사유처럼 각 조직이 유연한 구조를 만들기 위해 새롭게 배치되어 접속되면서 외적 변수에 더욱 효과적인 유기체로 진화하는 것과 유사한 과정이라고 할 수 있다. 재현양태에 있어서도 두껍고 둔탁했던 모더니즘의 재현양식은 포스트모더니즘(모더니즘 이후의 재현양식을 통틀어 이야기하는 것이다) 양식의 탈중심적, 분권적, 요소들로 대변되는 매끄러운 방식의 표현으로 변모하게 된다. 이렇게 매끄러운 것들은 매끄러운 구조에 더욱 더 적합하게 빠른 순환구조를 이루면서 바뀌어야 하기 때문에 감각과 허상, 상징, 기호들이 더욱 발달하게 되고 이러한 주름이 많이 접힌 디자인은 일종의 이미지 마케팅 디자인의 유행적 요소로 쓰이고 있는 실정이다.

들뢰즈의 사유에 영향을 받은 건축가들은 건축분야가 조형과 밀접한 관련이 있기 때문에 유기적인 형태가 분화되고 랜드스케이프화되거나 연속적인 순환구조 및 공용공간의 순환구조 등을 통해 들뢰즈적인 개념들이 현실화되는 과정을 디자인한다. 그러나 그러한 성향은 매우 직접적인 표현이라고 해야 할 것이다. 주름을 사유했다고 하면서 직접적 표현으로 주름과 같은 변곡점이 많은 랜드스케이프적인 건축을 했다고 해서 그의 이론과 사유가 온전히 물질화가 되었다고 보기는 힘들다. 파라미터 건축으로 이야기되는 비정형의 건축적 흐름보다는 아주 전통적인 모던적 건물처럼 보이더라도 자본의 순환구조를 잘 반영하면서 행위와 사건이 창발되고 프로그램이 접합되며 잠재성을 더욱 실질적으로 만들어 낼 수 있는 구조의 건물이 있다면 이것이 오히려 더욱 들뢰즈가 말하는 잠재성이 충만한 공간이라고 할 수 있다.

**– 홈 패인 것과 매끄러운 것의 상호이행의 의미**

홈패인 공간에서 매끄러운 공간으로 또는 역으로 상호이행은 공간사유에 있어서 들뢰즈의 핵심적 개념이다. 이것은 '공간'이라는 단어에 집착해 생각하는 것을 떠나서 홈 패임과 매끄러움의 관계로 다시 생각할 수 있다. 그는 단순한 이분법을 경계했다. 들뢰즈의 사유를 살펴보면서 우리는 홈 패인 것이 수목적이고 위계적이고 억압적인 것이며, 반대로 매끄러운 것이 리좀적이고 탈주적인 것의 대립항으로 이해하기 쉽다. 들뢰즈 사유에서 가장 오해하고 있는 것을 들면 들뢰즈의 매끄러운 것에 대한 사유가 단순히 탈주적이고 아나키즘적인 탈주의 철학 내지는 자본의 공고함을 벗어나 탈주하는 것을 이상으로 하는 대안적 철학이라고 철저하게 신봉하는 자세이다. 물론 그의 사유가 그러한 좌파적인 요소들도 상당 부분 존재한다. 그러나 들뢰즈의 철학은 어떻게 해야만 한다는 이데올로기적인 주장만 있는 것도 아니며 단순히 탈주를 추구하는 것도 아니다. 그의 주장은 후기 자본사회의 제반 현상들을 들뢰즈적으로 인식하고 바라보는 세계관임에 주목해야 한다. 그 세계관이 후기 자본사회를 잘 설명하고 적합하기 때문에 훌륭한 평가를 받는 것이다. 분명 매끄러운 것은 리좀과 같이 기존의 수목적 위계의 배치를 새로운 접속으로 자리 배치함으로써 새로운 분기와 차이를 만들고 대안을 만드는 첨점의 역할을 하는 것이 사실이다. 그러나 이러한 대안과 첨점의 역할은 이내 다시 홈 패인 것으로 바뀌면서 순환된다. 두 가지는 상호 순환의 구조를 이루고 있다.

자본의 예를 들어 보자. 4권에서 살펴보았던 것과 같이 동시대건축의 시각으로 보았을 때 지금은 시대가 지나 매우 고리타분한 것으로 보여지는 포스트모던 시기의 건축은 처음 시작하는 당시에는 매우 신선한 충격이었고 대

69

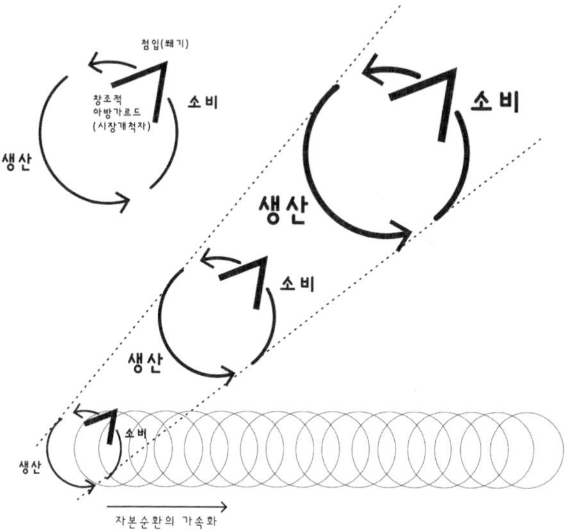


중적인 지지를 받았다. 그러나 무분별한 포스트모던풍의 이미지 사용은 결국 다른 대안적 사유에 의한 표현양태를 가져오게 했다. 양식적인 부분만으로 본다면 처음 시대정신에 따른 양식을 제시하는 사람들은 분명 대안적이고 첨점의 아방가르드적인 역할을 수행한다. 사람들의 주목을 받고 자본의 특성상 이용할 가치가 있는 것으로 생각되어 널리 사용되면서 제도권으로 수용되고 충분히 홈 패인 부분으로 소비되면 새로운 매끄러운 첨점을 요구하기 시작한다. 우리는 자본주의 시대에 이런 부분을 끊임없이 목격한다. 처음에는 현재의 자본의 행태에 대한 반대적 성격이나 대안적 성격으로 무언가 새로운 이데올로기가 생긴다고 가정해보자. 사람들의 주목과 열광을 통해 하나의 대안적인 움직임으로 인정받고 사용되기 시작하는 동시에 자본은 전략적으로 이들을 집요하게 이용한다. 어느 정도 사용되면서 가치를 소비하게 되면 자본은 순환주기를 다시 빠르게 하기 위해 또 소비할 수 있

69. 생산과 소비의 순환관계와 기다림

는 첨점을 찾게 마련이다. 이러한 관계가 바로 홈 패인 것과 매끄러운 것의 상호 이행관계라고 해야 할 것이다. 신흥계급인 대부호의 등장과 길드 등의 자본의 성장과 함께 시작된 르네상스 이후, 매너리즘, 바로크, 로코코, 신고전주의, 모더니즘, 포스트모더니즘, 해체주의, 생성의 철학의 재현양태 등은 어떻게 보면 모두가 홈 패인 것과 매끄러운 것들의 상호 이행관계 다시 말해 자본의 시작과 자본의 성장, 성숙 단계에서 벌어지는 자연스러운 변화라고 생각해도 좋을 것이다.

## 들뢰즈 사유와 건축 다이어그램의 특성

밀레니엄을 전후로 하여 개인컴퓨터 기능의 획기적 향상과 디지털 툴의 혁명적 발전으로 인해 유기적인 표현이 대중화되면서 들뢰즈가 말하는 개념들이 조형분야에서 쉽게 실현될 수 있는 발판이 마련되었다. 들뢰즈의 개념이 건축분야에서 사유되면서 많이 응용되고 담론화되는 부분은 바로 다이어그램이다. 건축부문에서 '다이어그램'은 오늘날 들뢰즈의 철학적 성향이 건축분야에서 어떤 방식으로 응용하여 표현되고 있는지를 가장 잘 드러내 보여주고 있으며 사유를 위한 매체, 수단, 방법론이 되고 있다.

건축분야에서 이전의 다이어그램이 보통 간략하게 정보를 요약하여 보여주는 수준에 머물러 있었다면 현재의 다이어그램은 디자인의 툴로 이용되고 디자인 과정으로, 어휘로 이용되면서 들뢰즈적 개념이 충실히 반영되는 도구로 활발하게 사용되고 있음에 주목할 필요가 있다. 1권에서 건축에는 다양한 주체가 있음에 대해서 언급할 때 건축가라는 주체가 있고 결과물이라는 객체가 있다고 가정하면 그 사이에는 건축가의 사고와 실제 결과물을 이어주는 매체인 다이어그램이 있다는 것을 언급한 바 있다. 그것은 사이의 것을 연결해주는 가운데 변종이 분기되어 나올 수 있는 잠재성의 도구가 된다. 따라서 오늘날 들뢰즈의 사유가 건축적으로 접목되어 표현될 때 가장 사유의 첨병으로 사용되는 도구가 다이어그램이며 창조적으로 사용함으로써 나타나는 방법론의 분기현상일 것이다. 동시대의 다이어그램의 도구적 사용 방법론을 분석하면 그만큼 다른 방향의 창조적 분기를 성취할 수 있는 잠재성이 더욱 커지게 될 것이다.

#### 7014 다이어그램의 어원과 의미

다이어그램의 어원은 Dia+Gram이 합쳐진 것으로, Dia의 뜻은 '~를 통하여through' 혹은 '둘two'의 의미이고, Gram은 '기록하다to write'이며 이것은 어떤 것을 통해서 기록하는 방식(전체를 관통하고 있는 그림)이나 둘이 쓰는 것을 말한다. 따라서 그것은 전체적으로 기록(통틀어 간략하게 기록)하거나 둘 이상이 기록하는 것으로 해석이 가능하다. 일반적으로 다이어그램의 전통적인 의미는 어떤 행위나 과정, 혹은 그것을 특징짓는 변수들의 경로나 결과들을 상징적으로 재현하는 일련의 선들이나 도상, 흔적들을 의미했다. 또 많은 양의 정보를 축약하여 한 순간에 인지할 수 있도록 하는 인지성을 향상시키는데 있어서 중요한 역할을 해 왔다. 그러나 현대에는 설명이나 협의를 위한 시각적 디자인, 힘들 사이의 관계나 배치를 보여주는 것, 다양한 변수나 관계를 압축하여 전달하는 시각적 도구로 활발하게 사용되고 있다. 그것은 다이어그램을 통해 카오스와 욕동의 바다 속에 존재하는 요소들과 힘의 관계 사이에서 무언가 질서를 찾아가는 생성의 과정이다.

요소들이 존재하면 힘의 관계들이 요소들 사이에 자연스럽게 발생하게 된다. 다이어그램은 정확하게 외적 형태를 재현하는 것이 아니라 본질적인 요소들 간의 관계를 보여준다. 요소들 간의 근본적 관계를 연구하는 것, 그것은 바로 구조주의의 자세이며 다이어그램은 구조 이면의 욕동과 욕망까지도 끌어안아 작업할 수 있도록 해주기 때문에 후기구조주의적 자세라고 할 수 있다. 즉, in-between의 관계에서 상호 기입하면서 다양한 욕동과 욕망의 카오스가 스며 나오거나 구조를 뚫고나오는 것을 허용하며 상호 개입을 통해 하나의 분기를 이루는 도구로서 사용이 가능하다.

예를 들어 보자. 한 사람만 어느 공간(무인도)에 존재한다면 전혀 문제가 되지 않지만 여러 사람들이 그 공간에 모여 있으면 힘이 센 사람이나 영향력이 있는 사람의 의견에 동조하는 사람들이 모여 세력화를 이루게 되고 서열화가 이루어진다. 그리고 그 집단의 특성과 방향성에 따라 정치적 사안이 유동적으로 움직이게 된다. 그 과정에서 자연스럽게 권력에 따른 질서가 형성된다. 내, 외부에서도 주도세력에 대항하거나 반대의 세력이 형성될 수도 있다. 그것이 자연스러운 균형을 이루어가며 시대의 흐름이 이어지게 된다. 다이어그램은 들뢰즈의 추상기계의 개념이 실행되는 도구로 사용될 수 있으며 계속되는 미분적 변화 속에서 보여지는 특이성들과 방출의 연속으로 정의할 수 있다. 다이어그램은 요소들의 관계에 투사되는 권력의 관계를 설명해주는 추상기계이다. 그것은 탈영토화되는 특이성들의 관계(방출, 분배)를 표현할 수 있는 표현체계(기호)이자 그 자체의 내용물(물리적 실체)이다.

푸코가 이야기하듯이 권력이 투사되어 물리적 감금과 감시를 가능하게 할 수 있도록 판옵티콘의 다이어그램은 권력이 공간에 투사되는 궁극적인 추상기계가 되고 있다. 다이어그램은 사회적 장과 공외연적인 추상기계로 정의될 수 있다. 다이어그램은 구체적인 사회기계를 조직하고 기술들을 선택한다. 다이어그램을 통해 우리는 카오스와 욕동의 바다 속에 존재하는 요소들 간의 힘의 관계들로부터 어떠한 질서를 찾아가는 생성의 과정에 동참할 수 있다. 결국, 다이어그램은 권력을 구성하는 힘의 흐름의 관계를 제시한 것이다. 욕망이 우선 존재하고 권력은 욕망의 변용이다. 쉽게 이야기하면, 욕동의 카오스바다에서 어떠한 욕망이 존재하면서 요소들 간의 관계에 방향성이 생성된다. 욕망이 발현되면 요소들 간의 힘의 관계를 생성시키면서 구조화되는데 방향성이란 결국 욕망이 구조에 투사되어 관계의 공식이 생성되는 것을 의미한다. 이를 통해 질서를 찾아가는 이행의 과정으로 볼 수 있다. 그러나 다이어그램은 단순히 연결된 점들을 포함하기만 하는 것이 아니라 자유롭거나 해방된 점들도 포함하면서 다양한 욕동과 욕망의 탈주선들로 인해 잠재성이 다양한 경로로 분기되며 현실화되는 것을 포함한다.

## 7015 다이어그램의 도구적 기능

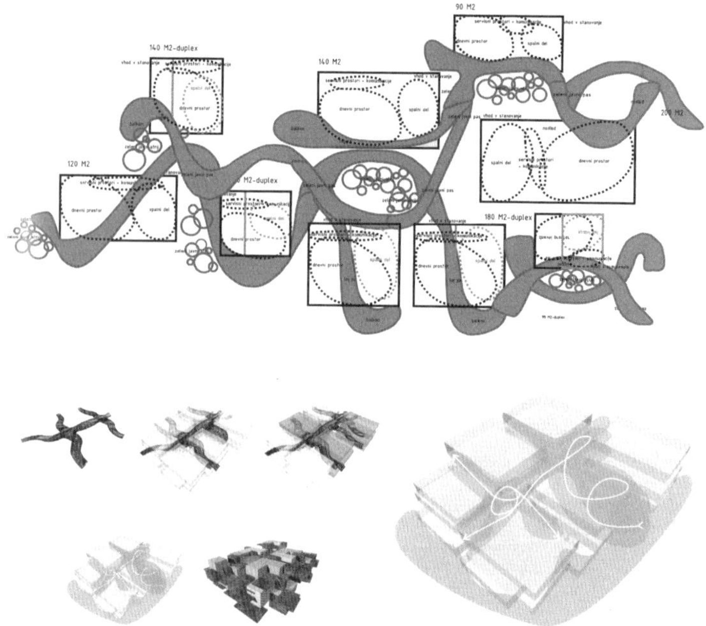


70

다이어그램은 정보의 시각적 구조화를 이루면서 정보를 압축하고 전달하는 미디어(매체)의 역할을 하게 된다. 그러나 다이어그램은 미디어의 역할만 있는 것이 아니라 변형 및 추이를 알 수 있는 수단이 되기도 하며 잠재적 힘의 관계를 추적하고 상호관계가 드러날 수 있도록 도식화할 수 있는 도구가 되기도 한다. 이를 통해 잠재되어 있는 요소들과의 관계를 표현하고 경계를 도식화할 수 있게 된다. 이것은 혼자만 알아볼 수 있는 것이 아니라 주체와 다른 주체들(객체들) 사이의 민주적인 상호소통을 위한 수단이 되면서 객관적인 소통을 통해 변화할 수 있는 가능성을 열어둔다. 이를 통해 추가

70. 요소들의 관계사이의 힘의 생성, 흐름의 생성 다이어그램

적으로 검증이 가능하고 문제가 있거나 틀린 것은 조정하고 조절하는 것이 가능하다. 또한 과정에서 그 힘과 역학관계에서 가장 적합한 질서를 찾아내고 변화하여 안정화되는 과정이 계속될 수 있도록 도와준다. 욕망이 구체화되어 현실화되는 것은 결국 욕망이 발현되어 투사되면서 비대칭의 불안정한 것이 현실화되면서 안정화되어 자체 내의 질서가 생기도록 이행하는 과정이다. 그러나 그 과정은 욕망이 발현되면 이음매 없이seamless 끊임없는 상호 이행이 이루어지면서 변화와 운동이 지속된다.

건축설계 과정에서 다이어그램의 새로운 기능은 다음과 같다.

기존의 유형에서 벗어난 것들을 현실화시키는 데 도움을 준다. 달리 말해 잠재적인 것들을 쉽게 끄집어내어 현실화시키는 데 효율적이다. 그것은 개념과 현실의 중간에 존재하면서 개념이 현실화되는 과정에서 구체화될 수 있도록 도구로서의 도움을 준다.

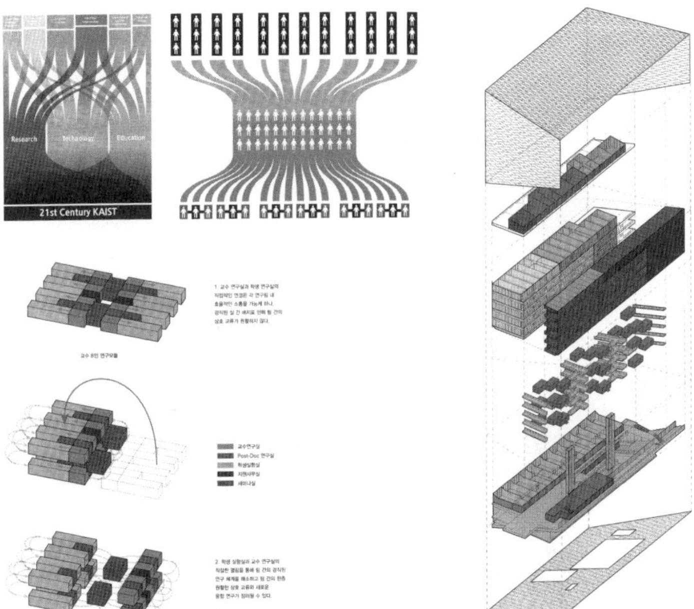


71

71. 기능의 분화와 배치를 통한 복합체를 만들어가는 과정을 보여주는 다이어그램

다이어그램은 각각의 요소들이 상호 관계에 의해 계열을 형성하고 그것이 장을 형성하면서 힘의 관계를 도식화시키면서 기존 구조와는 다른 힘이 분기되어 현실화하는 과정을 보여준다. 힘의 배치를 설명하고 요소들의 관계를 쉽게 표현할 수 있는 방안은 건축공간을 구성하는 방법론에서 면적인 요소들에 의해 구성되는 방식보다는 매스적인 변주가 더욱 용이하다.

최근의 건축 스튜디오 수업은 초기에 건축을 둘러싼 도시적 변수와 사회, 경제, 문화적 외적 변수들의 요소들 사이의 욕망을 사유하고 그것을 끄집어내고 변용시켜 잠재성을 현실화시키는 가운데 욕동의 흐름이 다시 운동할 수 있는 방향으로 진행되는 경우가 많아졌다. 그러다가 수업이 끝나는 시점에 그러한 흐름이 중단되어 형태로 굳어지는 마감행태가 일어나고 있다. 때로는 무시간적, 무장소적 네트워크 작업을 통해 여러 가지의 욕동의 힘들이 교차하며 벌어지는 접속과 분리들을 경험하면서 데드라인이 되는 시간 안에 적절한 형태로 굳어지도록 이끌어가게 된다. 튜터의 역할은 최소한의 기능적인 부분을 충족시킬 정도가 된다면 유동성과 관계의 자유로운 접합과 분리가 촉발(창발)될 수 있도록 최대한의 잠재성이 현실화될 수 있도록 돕고 촉매가 되는 역할이다. 그것은 전통적인 도제적 관계에서 일방향적으로 가르침이 전수되는 방식과는 전적으로 다른 것이

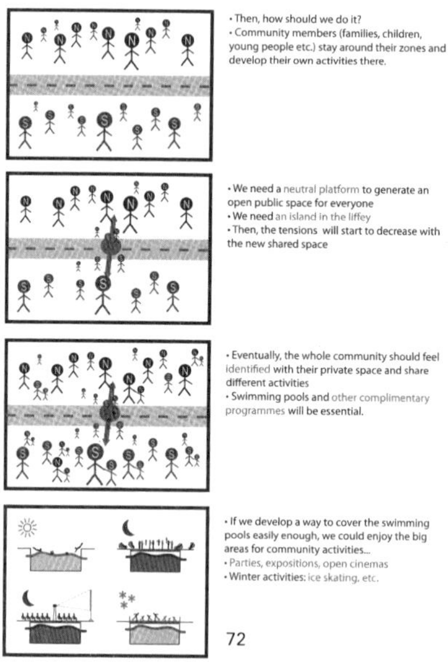

72

72. 경계사이에서 힘의 변화를 사유하는 다이어그램

다. 이 교육방식은 과정에서 배치와 접속, 절단의 방향성을 코디네이팅하는 것이며 코디네이팅의 권력화를 최대한 자제할 수 있는 방안이 강구되기도 한다. 건축형태를 만들어냄에 있어서 다이어그램의 기능처럼 무언가를 압축하는 동시에 확장할 수 있는 요소들이 수업에서 사용된다. 또한 다양하고 복합적인 데이터들을 이용하여 데이터의 결과에 따라 동선 및 프로그램을 자연스럽게 배치되도록 데이터를 형태생성에 이용하는 방법론이 사용되기도 한다. 이처럼 최근의 건축수업들은 튜터들은 다이어그램을 사용함에 있어서 수업에서 실체가 없는 프로그램들이 상호 역학적 힘의 관계에서 자신만의 질서를 찾아가도록 하면서 건축적으로 실현할 수 있도록 만들어준다.

많은 정보들이 시각화되고 그것이 복잡한 상관관계 속에서 힘의 역학관계를 만들어가고 제자리를 찾아가면서 자신의 질서를 만들어 내고 그것이 균형을 이루는 상태에서 형태로 공간으로 자리를 잡아가도록 문제해결을 이끌어내는 과정이 설계과정으로 생각되는 흐름이 새롭게 커리큘럼의 자리잡는 건축 스튜디오도 존재하며 숫자가 늘어나고 있다. 이러한 흐름은 결국 새로운 매체와 도구를 통한 잠재성을 현실화시키는 방안에서 더욱 효율적 방법론의 실험 속에 나온 것으로 이해할 수 있다.

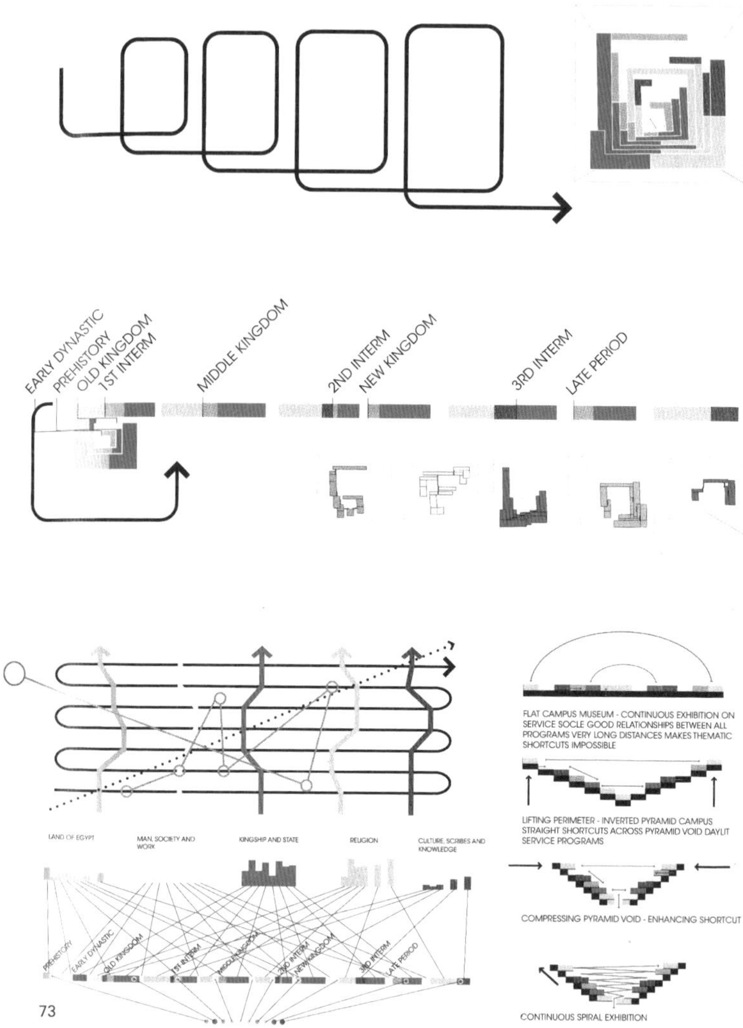


73

73. 힘의 관계와 흐름을 보여주며 물질화 되는 과정을 보여주는 다이어그램

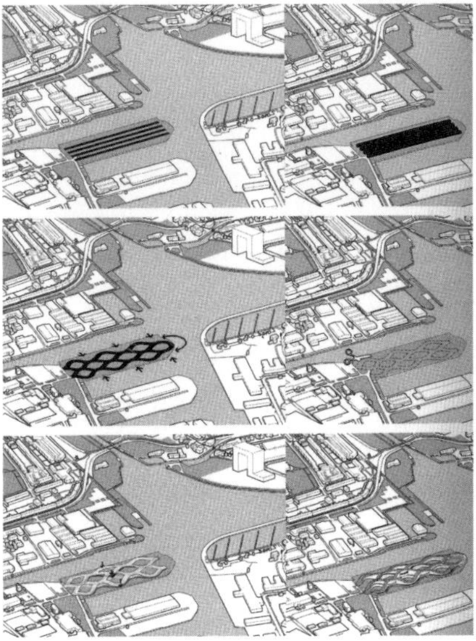

74

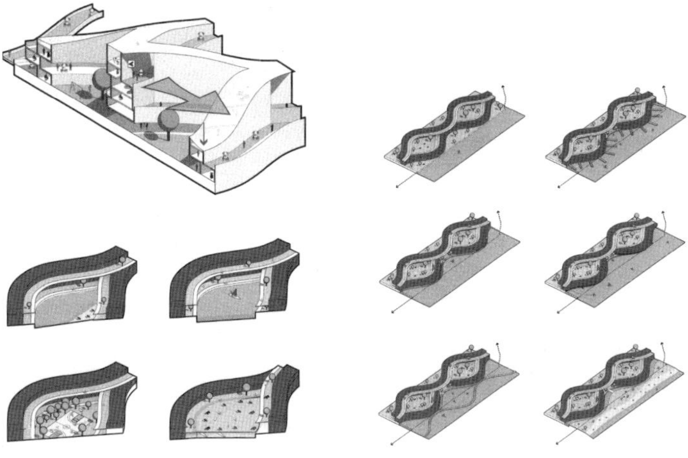

75

74. JDS의 플래시와 같은 다이어그램
75. JDS의 플래시와 같은 다이어그램

## 7016 건축에 있어서 Mass 구성과 다이어그램과의 관계

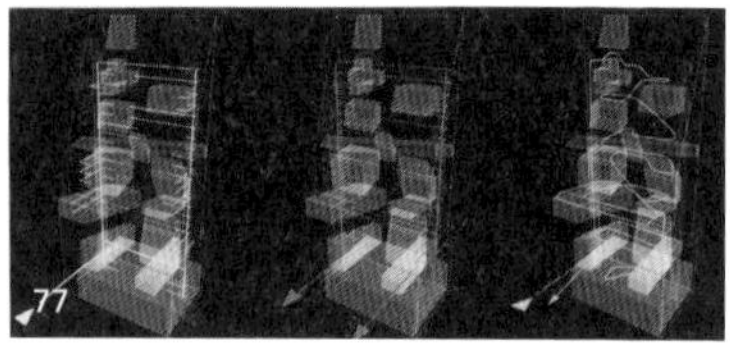

현대건축의 저류지이자 산파역할을 해왔던 렘 콜하스와 그의 사무실을 거쳐 간 건축가군(OMA 사무소 출신 스타 건축가들)들은 형태를 잡아가는 방법론을 선택함에 있어서 스티로폼을 주로 사용한다. 그들은 다양한 색과 재질의 스티로폼 매스들을 사용하여 프로그램 및 공간이 요소들로 구분시킨다. 그리고 그 요소들 간의 상호 작용 및 잠재성을 극대화시킬 수 있는 프로그램의 배치를 스터디하고 최적화시킬 수 있는 '기관 없는 신체'를 추구한다. 그들은 각 요소들을 연결하고 그것을 간단한 외피구조의 건축적 형식으로 감싸주거나 그 요소 자체가 외적 매스로 그대로 드러나는 방법을 주로 사용한다. 전체적으로 외부에서 보여지는 매스 자체는 그리드 패턴의 박스형이 대부분이지만 내부에 들어서게 되면 다양한 요소들의 힘과 프로그램이 현란하게 배치되며 관계를 맺는 형상이 드러나고 이를 통해 바로크적인 시점을 공유하게 된다. 그래서 그들의 작품들은 마치 바로크 건축과 유사하게 한 시점, 즉 전체적 시점에서 많은 요소들이 주름으로부터 요동치며 펼쳐져 나오는 느낌을 받기에 충분한 공용공간을 보여준다. 이들 건축가군들에게 매스는 힘을 표현하는 구성요소로 인식될 수 있다. 그래서 색

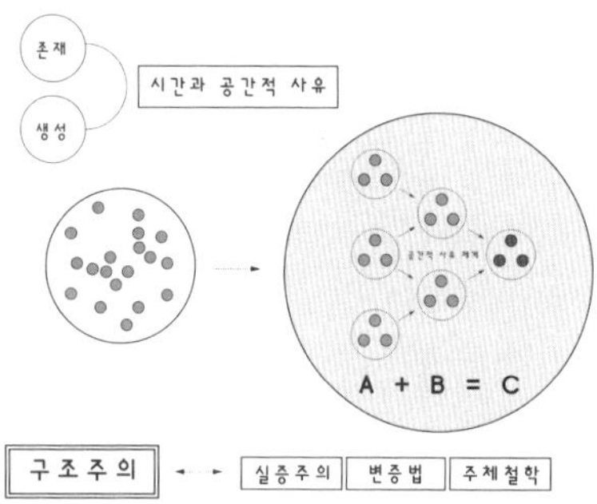


78

76. Neutlings 매스 스터디(요소)
77. MVRDV 매스 스터디
78. 요소의 구조와 현대건축의 유사성

이 다른 스티로폼을 사용하여 요소들 사이의 관계설정의 구도를 잘 요약해서 보여줄 수 있는 배경으로 사용한다.

이와는 달리 현상학적인 관점에서의 작업은 보통 카드보드지를 이용하는 건축 구성방법론을 사용하여 선적인 구성이나 면적인 구성을 통해 둘러싸는 공간을 중시하는 경향이 주로 나타난다. 특히 프랑스 건축의 현상학적, 시학적 건축을 살펴보면 공간의 이동과 동선을 위주로 공간을 구성하고 그 동선을 포함하는 공간을 면으로 감싸서 볼륨화시키는 과정을 보이는 것을 확인할 수 있다. 자연스럽게 공간을 구성하는 면과 동선의 선을 위주로 작업하는 '면과 선의 작업방식'은 면적인 구성이 주가 되는 모형지를 이용하게 된다. 작업도구나 재료에 따라 건축의 표현방법과 분위기가 달라질 수 있는데 매스적 접근 방식과 선적, 면적 접근 방식에는 공간을 대하는 태도나 철학적 태도가 녹아들어가기 마련이다.

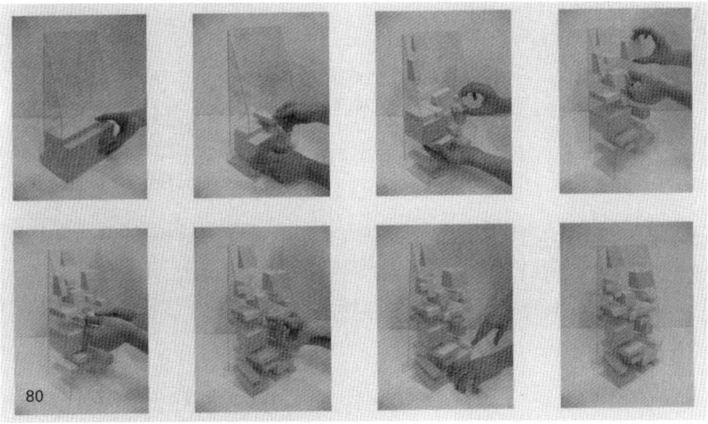

79. Neutlings & Ridijk, 매스 스터디(요소)들의 관계와 연결, 외피의 감쌈
80. MVRDV 매스 스터디

## 7017 다이어그램과 건축적 추상기계

건축의 추상기계 역시 다양한 운동을 만들어내는 메커니즘으로 작용하고 있다.

학교, 병영, 병원, 공장 등의 공간과 같은 감시와 통제를 위한 건축공간 역시 다이어그램의 추상기계에 의해 감시와 통제의 공간으로 변화하여 제레미 벤담, 원형감옥, 다양한 습관과 방법, 실천 등과의 복합체로 작용한다. 우리가 6권에서 논의했던 다양한 통제적 사유의 공간들은 다이어그램의 추상기계가 직접적으로 구체화된 것으로 생각할 수 있다. 그것은 공간적 측면(근본 구조적 측면)이 끝없이 증식되고 공간상의 변화되는 부분으로 볼 수 있으며 많은 것을 담으면서 그 속에서 조직의 재배치가 가능한 구조로 변화되는 것이다. 재현적 측면에서는 경계해체적 현상(마케팅적 현상)을 통해 시각적 흥미를 끄는 요소들은 재현부분에서 자본을 집적하는 기계로서 작용하게 된다.

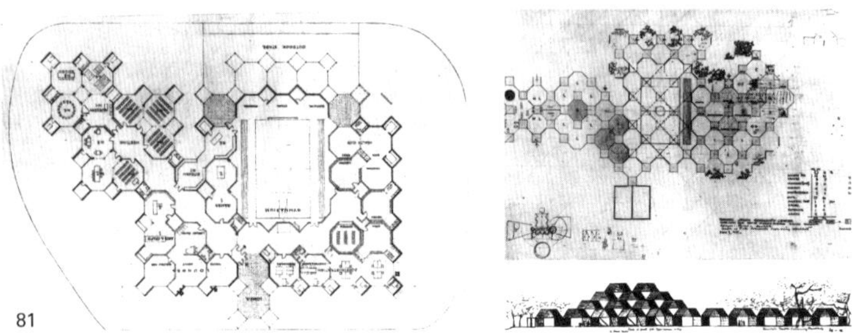

81

루이스 칸의 건축사상을 연구하며 '루이스 칸 연구'를 저술한 마에다 타다나오는 "방은 '세계 속의 세계'로서 바깥 세계로부터 격리되는, 그렇기 때문에 바깥세계에 접합한다는 이원적 성격을 가진다. 방에 있는 창문은 양자를 연결한다. 방은 창문을 가진 모나드라고 할 수 있다."[31]라고 언급하고 있다. 루이스 칸의 사고를 라이프니츠의 사고와 유사하게 언급하고 있음을 확인

81. 유대인 커뮤니티 센터 계획 1954-1959 1단계, 2단계

31) 코야마, 김광현, 건축의장 12강, 국제, 208, p.52

할 수 있다. 기둥은 항상 그 주변에 작은 하나의 우주를 만드는 것이다. 이 시리즈 2권에서 칸의 건축이 현상학적인 측면에서 많이 언급되고 분류되었지만 칸의 건축은 현상학과 포스트모던을 연결해주는 교량의 역할을 해주었다는 평가를 받고 있으며 그 이유는 다음과 같다.

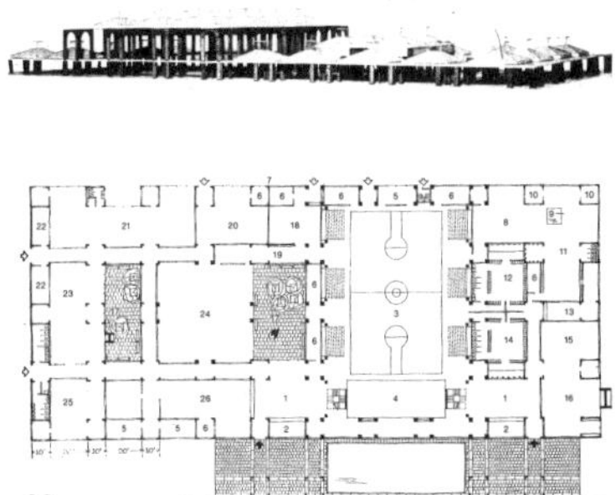

82

2권에서 살펴본 바와 같이 그의 건축은 동등한 위계의 방들(개실)의 접합방식을 통해서 관계의 설정을 중시하여 통합체(복합체)가 되는 것을 추구했다는 점을 언급한 바 있다.(2권 p.60) 그의 건축에서 각 개실은 모더니즘 시기의 획일적인 방식, 즉 호텔이나 콘도의 기준층 평면과 같이 중앙의 코어와 함께 중앙의 중복도를 중심으로 양측에 개실들이 무성격하게 획일적으로 배치되는 형태가 아니라 각 개실이 그 공간을 이용하는 사람들에게 존재로서 다가오면서 의미를 생성하는 자세를 추구한다. 그의 건축은 개실과 개실의 관계가 형성되는 것을 중시한 디자인을 추구했다. 또한 그의 교수법 역시 그러한 과정을 중시했음을 언급한 바 있다.

마찬가지로 칸의 건축은 개별 '방'들과의 관계를 다이어그램으로 사고한 경우가 많았는데 그 이유는 거기에서 그의 건축의 각 개실은 존재이유를 상호관계 속에서 찾았고 구조주의에서 각 요소들이 관계를 형성하면서 잠재성을 현실화하는 하나의 과정으로 묘사되는 바와 같이 그의 건축은 개별 요소들인 방들의 역학적 관계의 집합이었기 때문이다. 실제로 그의 공간은 기능

82. 유대인 커뮤니티 센터 계획 1954-1959 3단계

에 맞게 배치하여 건물만의 독자성을 유지하면서 전체적인 통일성을 부여하며 조화를 이루고 있다.

통제되지 못한 변화와 복잡성은 고정되지 않고 유동적인 상태이므로 질서를 만들 수 있는 매개체를 찾기 마련이다. 이를 구성하는 각 요소들은 연결고리가 생기고 관계가 생기면서 장을 형성하여 하나의 안정화의 과정을 거치게 된다. 그것은 결국 네트워크화의 과정이다.

SANNA가 계획한 카나자와 현대미술관의 경우, 세지마는 숲의 개념을 도입한다. 다양성의 개념 속에 각 프로그램은 다양성의 개념과 통섭을 통해 다이어그램적인 상호교환의 질서를 만들어가며 건축적 현실화를 만들어 내는 방법론을 사용하고 있다. 그러나 무질서한 듯 보이는 구성은 수없이 많은 조형적 대안을 실험한 이후에 무질서속의 질서를 정교하게 만들어내는 형태로 굳어져 있다. 그것은 공간과 비공간의 네트워크화를 통한 질서 찾기이다.

### 7018 들뢰즈 담론 및 프랑스 철학의 장단점

프랑스 현대철학 담론은 자유를 갈망하고 고급문화를 동경하며 소비하고자 했던 계층의 니즈를 충족시키기 위해 문화산업의 측면에서 수입되고 향유되었다고 비판받기도 한다. 혹독했던 군사정권 시절에 현실에 저항하고자 마르크스주의에 심취하여 적극적으로 노동운동을 전개했던 부류가 있는가하면 실천운동과는 노선을 달리하여 간접적으로 혹은 도피처로 프랑스 철학에 눈길을 돌려 정신적인 저항을 추구한 부류도 있었다. 이러한 정신적 돌파구를 원했던 사람들에게 좌파적 성향을 지닌 프랑스 현대철학담론은 하나의 대안처럼 보였을 것이다.

들뢰즈 담론과 프랑스 후기구조주의 철학에는 프랑스의 68세대들이 거쳤던 부조리에 대한 저항과 혁명정신이 녹아들어가 있다. 데카르트 이후의 이성적, 보편적 근대성의 문제점을 제기하고 기존의 공고한 통제체계에 대한 비판과 전복을 꿈꾸고 실천했던 세대들의 저항정신을 보여주었다. 프랑스 철학의 장점은 서양철학의 전통적인 특성인 분석과 이성중심의 분리적 사고를 극복한 통합적 사유를 추구한 점에 있다.

들뢰즈의 담론들의 성향은 흔히 '비 정확하지만 엄밀한 과학'을 추구하는 유목과학, 또는 소수자 과학을 추구하는 성격을 지니고 있는 것으로 평가된다. 그것은 엘리트적, 과학적 사고가 아니라 다소 엄밀하지 않은 체계들이 다양하게 배치되고 접속되어 새로운 가능성의 사유가 되어 변종으로 다시 태어나는 것이다. 들뢰즈 담론은 논리 체계에 의한 정연함이 부재하다는 것과 새로움보다는 기존의 이론을 접합하여 변형시키는 분위기를 가지고 있다. 들뢰즈 담론 자체가 새로운 학설보다는 여러 가지 학문이 자유롭게 소통하는 사유방식을 개척하여 기존과는 다른 모습들로 돌연변이를 만들어내는 방식을 사용하고 있기 때문이다. 따라서 본질 자체로 논리 체계에 의한 정연함이 부재하게 될 가능성이 상대적으로 클 수밖에 없고 새로움보다는 기존의 이론을 접합하여 변형시키는 형식의 텍스트로 이루어지게 된다. 이것은 논문과 같이 논리 정연한 순서도와 같은 체계가 아니라 모자이크식의 기법을 통한 텍스트 쓰기로 전체적 이미지로 확대되는 것 같은 느낌의 방식을 사용하게 마련이다. 이러한 사항은 프랑스 현대철학 전체의 기풍과 어느 정도 관련이 있다. 프랑스 철학(들뢰즈와 가타리)의 경향은 사회현상 및 디자인 현상에 대한 논의 및 스타일로 인해 논리적 전개의 어려움을 보이고 있다. 특히, 구조주의는 합리성에 근간을 두고 있지만 정량적인 것으로는

84. 68세대의 저항정신과 시위

파악하기 힘든 인문적인 내용과 심리적인 내용을 다수 포함하고 있다 따라서 그것과 관련해서는 정량적 데이터와 논문구조의 논리적 흐름의 전개가 어렵다는 점을 이유로 들 수 있다. 다양한 내용들이 섞여 흘러나가면서 주관적, 객관적 사실이 불분명해 질 수 있다는 점도 장점이자 한편으로는 큰 단점이 될 수 있다. 건축에 있어서는 실제 생활에 구체적으로 삶과 함께 사람의 의식 및 생활에 직접적으로 개입하게 되는 분야이므로 객관적인 모델의 사유 방식이 중요하다고 할 수 있는데, 이러한 사고는 객관적이고 논리적으로 건축과 연관하여 설명할 수 있는 모델의 필요성이 제기될 수 있다.
그동안 프랑스 철학은 미국의 문화제국주의적 성향에 맞서 일정부분 다양한 분야에 아방가르드적인 전위활동을 통해 대안적 움직임을 만드는 정신계의 역할을 수행해왔다. 프랑스 철학은 조형 및 예술에 많은 영향을 끼쳤으며 전위로서의 역할을 수행하기도 했지만 한편으로는 빠르게 자본의 순환주기로 흡수되어 변질되기도 했다.

프랑스는 세계의 경찰국가로 자처하는 미국적 질서(팍스 아메리카나)의 세계관과 주도권에 대항해왔다. 시민혁명을 스스로 성공시킨 좌파적 성향의 역사가 증명하듯 그들의 실천에 대한 정신계의 입장은 자연스럽게 후기구조주의의 소수와 주변의 것을 존중하고 중시하는 철학의 흐름을 만들어냈다.
이제 건축부문에서 들뢰즈로 대표되는 생성의 철학의 계보와 관련된 이론적 배경을 살펴보고 본격적으로 건축가의 작품에서 드러나는 양태를 보기 이전에 생의 철학의 계보로 활발히 담론화되고 있는 프랑스 철학의 특성에 대해서 장단점을 살펴볼 필요가 있다. 그 이유는 장단점을 인식하는 것으로부터 새로운 사유의 출발점이 될 수 있기 때문이다. 그의 사유는 활발하게 변화와 움직임을 사유했고 그 사유를 통해 세기말의 세계상을 이해하는데 적합했으나 현재의 세계관은 계속해서 이것을 극복하고 더 진화한 철학적 세계관을 요구하고 있기 때문이다.

# 생성의 철학과 연계된 건축가의 담론과 건축 작품

앞서 다이어그램에 대해서 살펴본 바와 같이, 현대건축을 이끌어가는 건축가들 중 상당수가 다이어그램에 대하여 자신만의 아이덴티티로 작용할 정도로 각자의 특성을 드러내며 다이어그램 자체를 자신만의 도구, 자신만의 방법론으로 사용하고 있다. 이른바 생성의 방법론으로 창조적으로 사용하여 자신의 특성을 드러내고 시대성을 드러내는 생성을 만들어 내는 분기의 방법론으로 사용하며 현대성을 구현한다.

### 7019 생성의 철학과 관련된 건축계열의 특징

#### – 노마디즘적 건축표현(유연한 건축표현 및 건축적 표현의 과잉) 계열

노마디즘이나 유목적 표현 혹은 리좀 건축이라고 표현되는 건축적 경향은 컴퓨터 툴의 획기적 발전이 있지 않았다면 불가능했었을 것이다. 한편으로는 이러한 건축디자인의 툴이 오히려 디자인에 있어서 획일적 경향을 가져오는 단점이 있기도 하다.

이렇듯 생성의 사유를 통해 나타나는 흐름은 노마디즘적인 재현양식의 건축표현 경향을 보이고 있다. 사례로서 소위 랜드스케이프 건축을 표방하는 건축물들을 설계하는 건축가군들을 들 수 있다.

#### – 리좀Rhizome 계열

뿌리줄기를 의미하는 리좀이라는 키워드를 중심적으로 표방하면서 건축 작품을 선보이는 건축가군들은 명백하게 들뢰즈의 사유체계에 영향을 받

85. 리좀적 구성과 유동적 흐름의 건축

은 것으로 볼 수 있다. 그들은 국제주의 양식으로 대표되는 조닝zonning을 중시하는 위계적이고 경계가 뚜렷한 구성의 평면과 건축 표현을 보이는 건축을 외면했다. 그보다는 비위계적인 프로그램의 상호 병치와 다양한 힘들의 상호교차와 결합을 통해 새로운 관계의 분화와 분기를 이루면서 동시에 프로그램의 분기 또한 성취할 수 있는 방법론을 사용하고 있다. 복합체가 되기 위해서는 무언가 주도적인 프로그램이나 상징적인 매스가 중요한 것이 아니라 각 요소들이 각자의 힘의 균형을 이루며 네트워크화되어 안정적으로 배치되는 것이 중요하다. 따라서 지하철 노선도 혹은 뿌리줄기로 대표되는 복합체는 각 요소들이 안정화를 이루는 네트워크 체계가 굳어진 상태에서 외피가 생기고 공간화가 이루어진 상태를 의미하는 경우가 많다. 이러한 복합체는 자연스럽게 다중 심적이고 다양한 동선을 받아들이면서 위계와 대칭을 의도적으로 거부하는 경우가 대부분이다.

**– 순환 및 뫼비우스의 띠(클라인 병)적인 개념**

순환이라는 개념은 들뢰즈의 Grand Cycle과 Petit(little) Cycle의 개념과 같이 열린 상태로 많은 것을 접속시켜 받아들이고 외부로 향하는 개념이다. 그런 가운데 순환 및 뫼비우스의 띠처럼 계속해서 순환하는 동선과 공간의 상

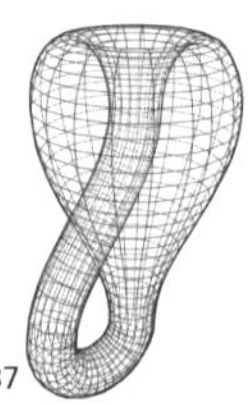

호침투 및 경계의 모호함이 드러나는 개념들이 표현되기도 한다. 그러나 건축의 특성상 순환과 경계가 해체되는 특성은 나타나지만 외부의 배치와 접속에 있어서 다양하게 받아들일 수 있는가에 대해서는 생각해볼 여지가 있다. 특히, 이것들은 잠재성이 분기되어 드러나는 과정이

86. 다중심의 탈위계성
87. 클라인 병의 이미지

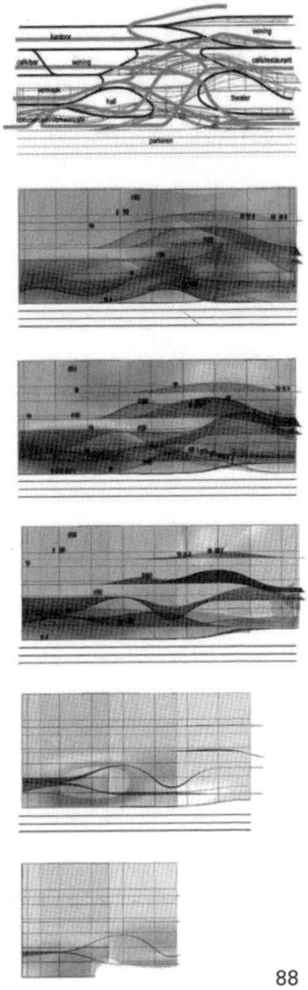

88

나 홈 패인 것과 매끄러운 것의 상호 이행과정의 순환이 은유적으로 표현되는 경우를 지칭하며, 실제 프로그램이나 각 요소들이 상호 교차되고 새로운 관계로 분기해 나가면서 주름이 펼쳐지듯이 새로운 것이 생성된다. 현실화된 새로움은 곧 다시 잠재성을 향해 접혀지며, 이 과정을 반복하며 무한히 상호이행을 계속한다. 이러한 개념을 공간적, 시각적으로 표현하는데 있어서 가장 적절한 사례가 바로 뫼비우스의 띠 내지는 클라인 병의 개념일 것이다. 시작과 끝점이 꼬여있는 듯 보이지만 상호 이행을 하는 과정에서 본래의 자리로 돌아오는 뫼비우스의 띠와 순환하는 가운데 자신의 면으로 되돌아오는 모순적인 형태를 지닌 클라인 병은 시각적으로 상호 이행의 변화, 운동, 생성을 직접적인 형태로 보여주고 있으며 클라인 병은 상호이행의 공간을 은유적으로 상징한다. 건축분야에서는 다양한 동선들이 교차하는 공용공간과 그 공용공간을 둘러싼 각각의 프로그램들이 담긴 공간들을 계속적으로 순환하는 구조와 자유로운 유선형의 형태를 적용하여 표현하는데 많이 사용되어 왔다.

**– 파라미터 건축(비정형 건축)계열**

파라미터 건축(비정형 건축)은 수없이 많은 변곡점으로 이루어져 있는 형태를 보여주며, 일률적이거나 예상 가능한 형태를 가지고 있는 것이 아니라 시각의 변화에 따라 형의 변화가 끊임없이 이루어지는 경우를 말한다. 밀레니엄을 전후로 하여 개인 컴퓨터의 성능과 3D 그래픽 툴의 혁명적인 발전으로

88. 접속과 분기를 상징하는 다이어그램

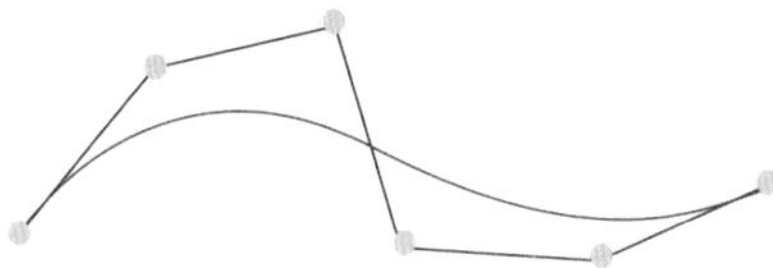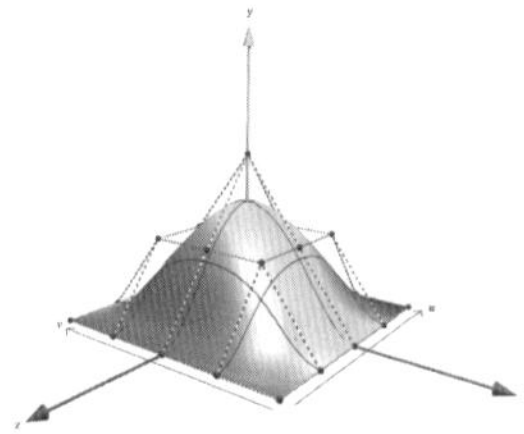

89

인해 NURBS 기반[32]의 유동적인 변곡점을 가진 디자인이 손쉬워짐으로써 파라미터 건축은 비정형의 건축경향을 주도하게 된다. 파라미터 건축 경향은 많은 변곡점이 있는 가운데 유동적인 액체 건축적 형태를 보여줌으로써

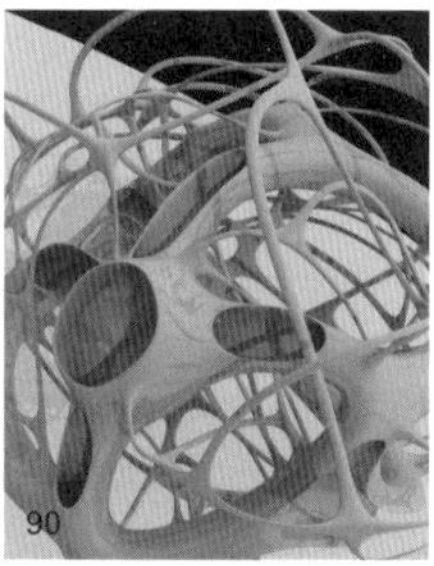

90

기존의 경직성을 파괴하는 유동성 및 변화와 생성의 힘을 표현하는 새로움을 선보였다. NURBS기반의 개념이 각 꼭짓점 사이를 유연하게 지나는 스플라인spline의 3차원적 조합을 의미하므로 기존의 진영사이를 유연하게 탈주하는 것으로 생각할 수 있으며 또한 입장이 다른 두 진영의 적절한 타협점을 찾아 안정화되는 것을 상징하기도 한다.

**– 랜드스케이프 건축 계열**

랜드스케이프 건축은 파라미터 건축과 유사한 형태를 보이는 경우도 있지만 단순 형태의 자유로운 실험과는 달리, 랜드스케이프 건축은 건축 자체가 주변 지역의 지형이 되는 경우가 많으며 벽과 바닥과 슬래브가 유동적으로 변화하면서 흘러 들어가며 교차하기도 하며 형태와 공간을 만들어 간다. 입면은 이러한 형태들이 만들어내는 공간을 막아주는 단순한 유리막인 경우가 대부분이다. 중심의 위계를 파괴한 다중심의 동선과 다양한 진입구를 통해 다방향성의 교차가 가능해진다.

89. NURBS의 기본원리와 매끄러운 곡면의 형성과정
90. 파라미터 건축 실험, NOX
32) Non-uniform rational B-spline을 줄인 말. 일정한 점들을 연결한 직선에서 계산에 의한 곡선을 구하고 그 곡선을 확장시킨 3차원의 곡면을 구하는 방식. 종래의 컴퓨터 그래픽(스)에서는 폴리곤(다각형)에 의한 유사 곡면이 이용되었으나 컴퓨터 기술발전으로 넙스에 의한 정확한 치수의 곡면을 구할 수 있게 되어 현재는 제품 모델링에 주로 사용하고 있다. 애니메이션에서는 넙스의 부드러운 곡면과 수정이 편리한 폴리곤의 장점을 결합한 새로운 방식인 subdivision surface를 주로 사용하고 있다.(만화애니메이션사전, 한국만화영상진흥원)

이러한 건축경향의 주요한 특성중 하나로 각 구성 요소(바닥판, 기둥, 벽 등이 수직과 수평성분) 경계가 사라지면서 이음새 없이 연속되어 일체화되는 모습을 보인다. 이음새 없이 연속되는 요소들이 각층의 바닥판을 연속시키는 방법과 외피-벽-천장 면을 이음새 없이 연속시키는 경향을 보이고 있다. 이것은 전통적으로 벽, 바닥 천장이 명확하게 구분되는 건축수사적인 측면의 홈 패인 방식에서 경계가 불분명한 매끄러운 공간으로 나아가고 있다는 점에서 들뢰즈의 사고를 건축화시킨 새로운 시도 방식이었다. 한편으로는 공고하게 고착화되어 있는 프로그램이나 공간 구획을 유연하게 만들어주고 프로그램간의 상호연계가 좀 더 용이하게 만들어줌으로써 접합과 새로운 분기가 가능하게 만들어주는 유용한 건축적 방법론이 되었다.

91

**– 다이어그램의 툴을 사용하여 복합체를 만드는 건축 작품 계열**

다이어그램 디자인을 이해하고 표현하는 정도에서 더 나아가 좀 더 적극적으로 다이어그램의 작동 메커니즘 자체가 결과물을 직접적으로 이끌어 낼 수 있는 도구로 사용하고 변화과정에서 사고가 멈추는 순간 자체가 건축구성의 궁극적인 마무리가 되는 방법론을 적용한 건축 작품을 추구하는 건축가군이 있다. 이들은 들뢰즈가 이야기하는 탈주와 차이와 반복의 개념을 다이어그램의 변화와 플래시 애니메이션의 변화와 같이 작동하다가 멈추는 순간이 건축적 구성의 마무리가 되는 흐름을 보여주고 있다.

91. FOA의 랜드스케이프 건축

위에서 언급한 건축을 표방하는 대표적 건축가들은 다음과 같다.

Greg Lynn, NOX: 디지털 표현의 작가 계열 - 연속적 차이 , 액상건축

UN Studio 벤 반 버클 - 순환, 매니멀, 분기의 건축

FOA, BIG, JDS-유동적 건축(플래시 애니메이션 기법의 다이어그램 형태구축과정)

등의 건축가들이 있다. 사실, 이와 관련된 많은 건축가 군들이 존재하나 7권에서는 '생성'의 개념을 적절하게 설명하기 수월한 대표적인 위의 건축가 군을 설명하는 것으로 한다.

### 7020 그렉 린Greg Lynn의 건축

세기말에 디지털 매체를 통해 형태변형을 주도한 건축가로 피터 아이젠만과 그렉 린, 마르코스 노박, NOX, 프랭크 게리 등이 있다.

92

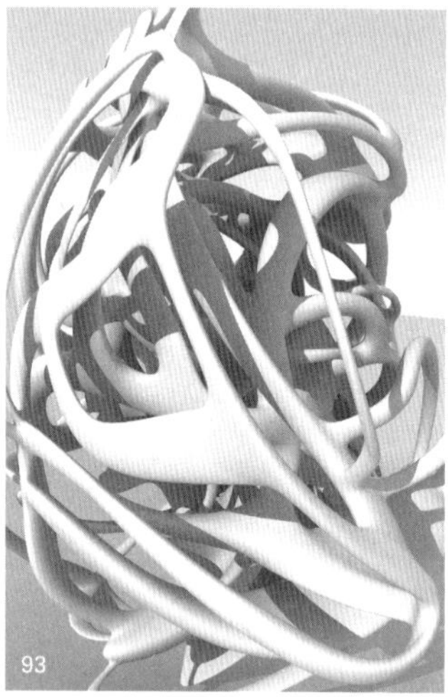
93

초기의 디지털 매체를 통해 건축적 가능성을 실험했던 주도적인 인물인 마르코스 노박의 건축은 디지털 툴을 이용하여 유동적인 액상건축liquid

92. 마르코스 노박의 Liquid Architecture 이미지
93. 마르코스 노박의 Liquid Architecture 이미지

architecture 혹은 트랜스 건축trans_architecture을 추구했다. 그렉 린은 단순한 형태를 반복하는 프랙탈 생성원리와 유동적 흐름에 관심을 집중하는 다양한 건축 형태를 만들어 내고 있다. 그의 건축형태는 형태표피와 형태배열로 구분하며 복합적 형태의 모습도 보인다. 그의 생성언어는 물방울blob의 이미지가 주가 되어 그것을 변형시키며 만들어내는 NURBS기반의 유동적 생물학적 이미지가 주를 이루고 있다.

94

그는 형태생성언어의 속성을 그대로 살림으로써 지속적인 시간, 힘 그리고 운동의 표현을 계속적으로 이어나가고 있다. 그의 건축형태는 물방울이 움직이며 프로그램을 형성하고 변형시켜나가는 듯한 생동감 있는 건축적 표현을 즐겨 사용한다. 그 과정에서 만들어지는 물방울과 같은 형태들은 자연스럽게 유동적이고 이음매 없는 형태를 보이고 있다. 그의 형태들은 프로그램의 힘에 의해 유동적으로 움직이는 듯한 형태를 보이고 있으며 기본이 되는 오브젝트의 자발적 변형을 유도할 수 있도록 하고 있다. 형태는 프로그램과 프로젝트의 기본요건이 되는 힘들의 변화의 궤적들을 형상화하거나 욕망들이 비정형화 액상화된 형태를 만드는 기법들을 사용하고 있다. 그는 주름(위상학, 중층적), 리좀(탈중심, 비위계적), 시뮬라크르(비물질, 유동적) 등의 특성에서 변화와 운동을 건축공간과 형태에 직접적으로 응용하여 실험한 디지털 건축의 선구자 중 한명으로 볼 수 있다.

디지털 형태 생성 툴에서 위상학적인 형태의 변형을 가장 잘 표현할 수 있는 것은 스플라인으로 이루어지는 형태생성의 방법론이다. 그렉 린이 위상학의 변형의 대표적인 예인 Blob을 스플라인spline으로 이루어진 랜드스케이프와 그것들의 조합으로 설명하듯이 스플라인은 단절된 개체가 아니라 어느 한 지점과 다른 지점이 연속되고 순차적 변형을 이루는 벡터의 속성을 

94. 그렉 린의 초상과 실험장면

지니고 있으므로 시간과 움직임을 가장 잘 표현할 수 있는 요소라고 볼 수 있다.

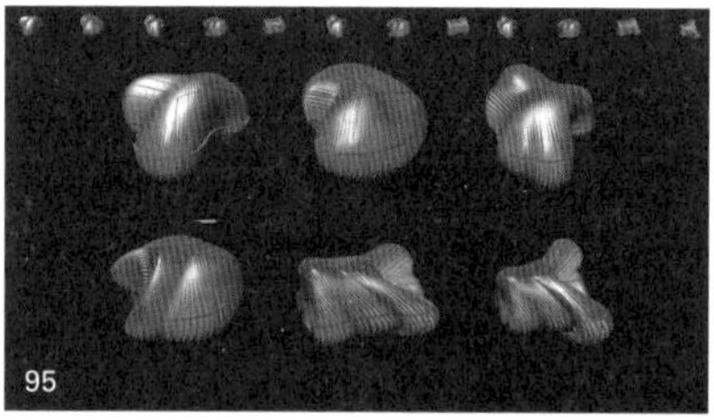


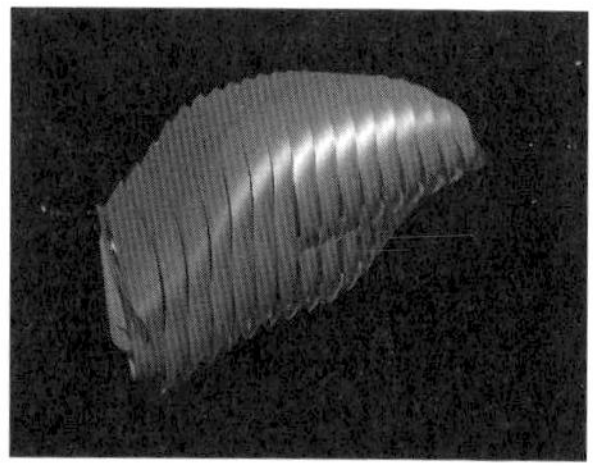

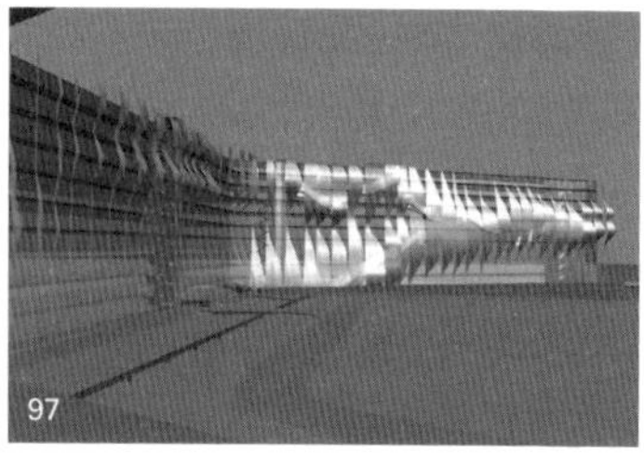


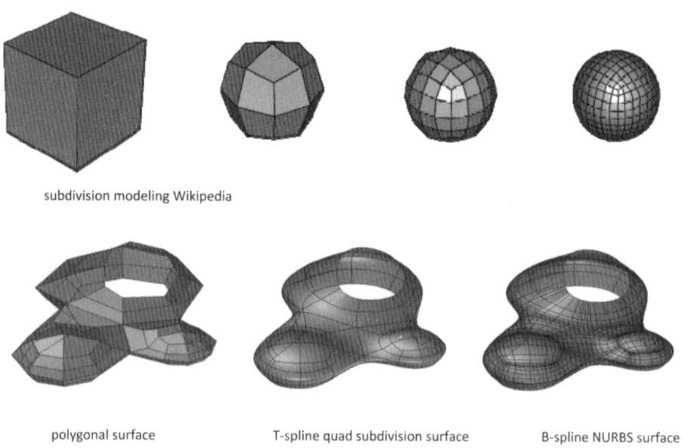


98

95. 끊임없는 변곡점의 유기체와 유사한 디자인
96. 그렉 린의 blob
97. 그렉 린의 유기체적 디자인
98. NURBS기반의 모델링과정 도해

앞의 NURBS기반의 모델링 과정의 다이어그램을 보면 꼭짓점이 점차 점들 사이의 유동적인 매끈한 점들을 찾아가다보면 결국 유동적이고 액상에 가까운 매끄러운 구조로 변화하며 안정화되는 것을 확인할 수 있다. 이 디자인 과정은 매끄러운 공간의 특성을 상징하기도 하고 배아와 같은 '기관 없는 신체'를 상징하기도 한다. 꼭짓점에 의해 각이 져있는 형태에서 매끄러운 형태로 전환시키는 명령어를 통해 점차 매끄러운 형태로 변화하는 것은 각이 져 있는 두 점 사이의 매끄러운 차원으로 탈주하는 형태적 특성을 반영한다.

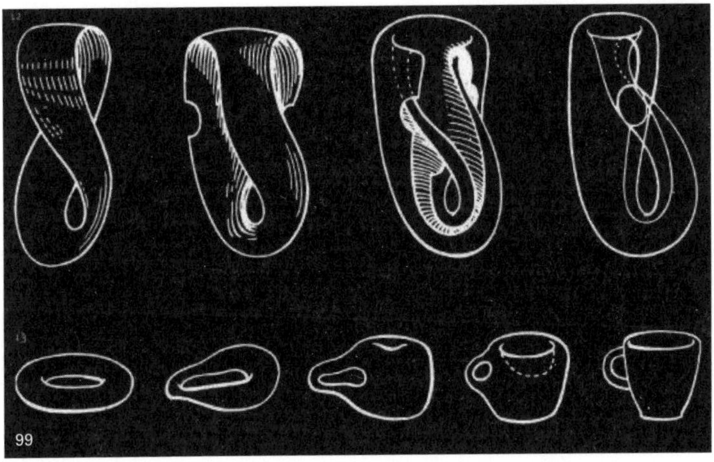
99

클라인 병 혹은 뫼비우스의 띠와 생물학의 원구는 많은 부분 유사성이 있다. 세포분열에서 원구는 낭배기 초기에 세포의 집단 운동으로 세포가 안으로 밀려들어가는 입구를 말한다. 그것은 표면의 세포들이 원구를 통하여 난할강 속으로 함입해 들어가서 주머니 모양의 낭배가 형성되는 시기이다. 함입된 세포층은 내배엽, 표면에 남은 세포층은 외배엽이 된다. 낭배는 독특하게도 세포의 외부이자 내부이다. 세포가 외부에서 내부로 합입되며 내외

99. 그렉 린의 클라인병과 생물학적 형태생성의 사고과정

부가 공존하는 매끄러운 형태이자 공간이 된다. 그런 측면에서 내외부의 경계가 해체되는 의미로 해체주의에서도 곧잘 언급되던 개념들이다. 이러한 형태와 매끄러움, 안팎의 경계가 모호함은 모두가 들뢰즈적인 개념들과 연계되고 은유로서 작용하고 있다.

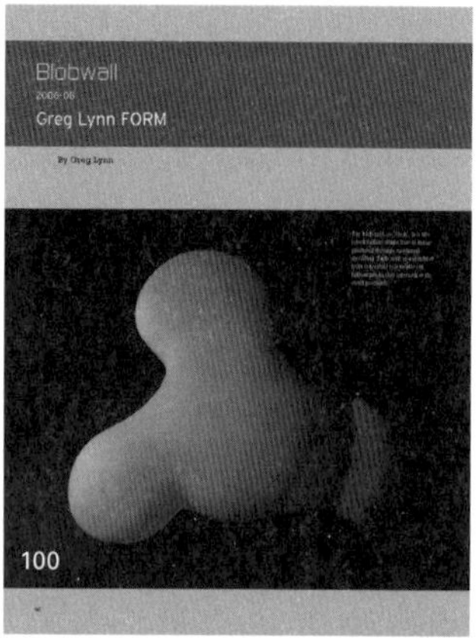


그렉 린은 잠재된 의미의 생성을 위한 유동적 디자인을 선호했다. 생동감 있는 형태animate form을 통해 내재된 요소들의 무한한 관계맺음을 통해 드러나는 다양성의 표출이 중심이 되는 기관 없는 신체의 결과물을 목표로 한다. 앞서 언급한 바와 같이 NURBS기반의 디자인은 기본의 꼭짓점의 양측을 매개로 하는 중간영역을 가로지르며 유동적인 곡선의 형태를 만들고자 한다. 각각의 폴리곤 형태들이 형태를 유지하면서 마치 물방울과 같이 서로가 자기장을 가지듯 서로를 끌어들이는 형태를 만들어낸다. 물방울의 형태가 상호 혼합되어 만들어내는 이미지와 긴 머리카락의 선이 유동적인 흐름을 생성하고 유사한 여러 선들이 모여들면서 만들어내는 유동적 형태가 그렉 린의 형태생성의 주요한 특성을 형성하고 있다. 따라서 그는 생성을 통해 잠재성을 표출하고자 하는 욕망과 힘의 흐름을 표현하려고 한다. 카피의 세계로서는 설명할 수 없는 이면의 것들. 즉, 시뮬라크르의 움직임을 통해 현실에 나타나는 탈주의 선들을 표현하는 것으로 볼 수 있다. 디지털 공간에서는 단순한 이데아의 재현보다는 시뮬라크르의 움직임이 상호관계맺음을 좀 더 쉽게 가능하게 만들며 생성의 '~되기'를 가능하게 해준다.

100. 그렉 린의 blob

### 7021 UN Studio-벤 반 버클

UN 스튜디오의 벤 반 버클은 들뢰즈의 영향을 많이 받고 건축적으로 현대성을 표현하는 건축가이다. 네덜란드의 건축가 그룹 중 주요한 축을 이루는 벤 반 버클은 들뢰즈의 철학적 내용을 적용하며 형태와 공간으로 구축하고 있다. 또한 그들은 작품구성에 있어서 다이어그램을 들뢰즈적인 시각에서 재해석하여 건축적으로 응용하여 표현하고 있다.

벤 반 버클에게 다이어그램은 형태생성의 '도구'로서 효과적으로 사용되고 있다. 그들에게 다이어그램의 뜻은 Dia(두 개의) Gram(글쓰기)이 결합된 의미이다. 다이어그램은 현실과 문자 혹은 현실과 욕망 사이를 연결해주는 중간자적인 역할을 한다. 앞서 언급한 바와 같이 다이어그램은 건축가의 사고와 실제 도면 혹은 실제 구축물의 사이에 가로놓여 있다. 따라서 건축가의 사고와 사고를 통해 드러나는 사이에서의 사유와 함께 연계되어 있는 상태이다. 철학적으로 보았을 때 그것은 매우 특이한 부분이다. 그것은 주체도 아니고 객체도 아니다. 그러면서도 그것은 주체로부터 객체가 되기 위해 중간적 과정으로 존재한다. 그것은 객체화를 위한 과정적, 도구적 측면이 강하다. 건축에서는 사고의 표현이기도 하고 도면의 간략화하면서 많은 정보를 포함하고 있기도 하다.
그는 주어진 프로그램들 속에서 발생 가능한 잠재적인 요소들을 세분화된 행위들로 분석한다. 이후 그 조직들을 새롭게 재구성하여 혼성화된 프로그램을 새로 구축하여 공간에 투사하여 새로운 공간을 만들어내는 과정적 디자인 방법론을 즐겨 사용한다. 그에게 다이어그램은 생성, 도구화, 증식을 촉진시키는 도구로 사용되고 각 요소들을 교배하여 새로운 것으로 분기될 수 있도록 만든다. 그의 방법론이 교차배열을 통해 매니멀이 되어 이것도 아니고 저것도 아니지만 이것이기도 하고 저것이기도 한 새로운 종을 형성시키는 것인 만큼, 그들의 건축에서는 이렇게 새로운 종들이 될 수 있는 방법론들을 일관되게 접목시키려고 하는 노력을 확인할 수 있다.

벤 반 버클은 그의 구성방식에 대해 언급하면서, "새로운 내재적 접근방식은 건설, 프로그램, 순환의 포괄적이고 이음매가 없는 집합을 수반한다." 고 설명하고 있다.[33)]

그들의 건축은 유동적인 흐름이 구체화된 형태를 보이고 있다. 기존의 프로그램들은 화학적 힘들의 관계를 반영하여 흐르다가 굳어져 있는 듯한 느낌의 작품들이 많다. 벤 반 버클은 "이전의 특성이 지니고 있던 모든 흔적들은 그림 안에서 이음매 없이 흡수되어 있다. 그들은 동시에 존재하며 하나 속에 완전하게 존재하는 결합력이 있는 구성체이다."라고 설명한다.[34)]

101

**– 아른헴 센트럴**

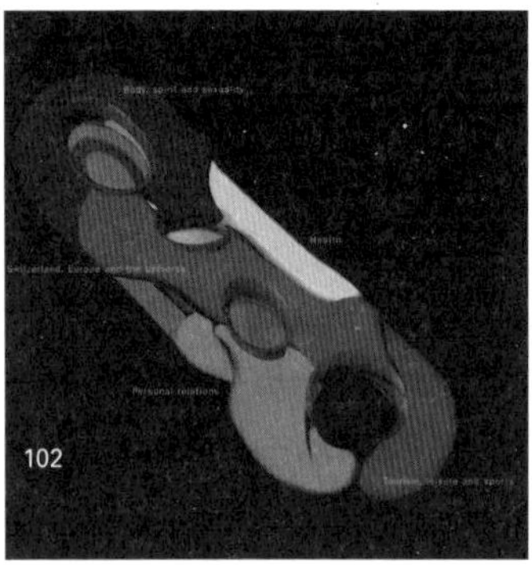

102

벤 반 버클은 다양한 힘들로 상징되는 동선을 자연스러운 흐름에 따라 대지 내에 유입시키고 새로운 프로그램이 동선에 의해 교차되고 섞여 들어갈 수 있는 구성을 사용한다. 이 작품에서 공간의 다이어그램은 인구의 유동량에 의해 결정된다. 교통체계의 교차를 느슨한 배치관계로 보여주고 있는 듯한 다이어그램은 각 교통체계

33) Ben Van Berkel Caline Bos, Move, Puslisher Unstudio & goose Press, 2008, p225
34) 같은 책, p226
101. 아른헴 센트럴의 계획안
102. 하부구조의 유동적 프로그램

의 위상을 정량화하여 많고 적음의 정도를 선의 굵기로 표현한다. 이 가운데 연결, 접속, 분리되는 관계를 도식화하여 힘의 관계에 따른 요소들의 공간화를 보여주고 있다. 그는 움직임의 공간과 멈추어 활동하는 공간의 위상과 관계를 3차원 레이어링을 통해 정립시키는 과정적 다이어그램의 방법론을 사용하고 있다.

벤 반 버클은 클라인 병 혹은 뫼비우스의 띠를 각 건축 작품마다 개념으로 적극적으로 도입하고 있는데, 이것은 요소들 간의 연속적인 관계의 접속의 변용을 통해 보행자나 이용자들이 프로그램의 연속적인 배치가 보이는 공간적 랜드스케이프의 경험과 시각적 변화를 즐길 수 있도록 계획하는 것이다. 또한 각 요소들이 끊임없는 움직임의 변화를 추구하는 결과물이라고도 볼 수 있다. 그것은 통제되지 못한 변화와 복잡성은 고정되지 않고 유동적인 상태이므로 이를 구성하는 각 요소들은 연결고리가 생기고 관계가 생기면서 장을 형성하여 하나의 안정화의 과정을 거치게 된다. 벤 반 버클은 결국 그것을 네트워크화의 과정으로 생각하고 있다. 앞서 언급한 매끄러운 것과 홈 패인 것의 이행 혹은 추상기계로서의 욕망의 흐름의 물질화, 형태의 공간화를 실험하고 있다.

**– 벤 반 버클 다이어그램 개념**

벤 반 버클은 선형적인 논리에 묶이지 않으면서 다이어그램을 추상적이고 임의적인 선택을 가능하게 하는 수단으로 사용한다. 들뢰즈적으로 이야기하면 추상기계와 배치의 접속을 자유롭게 가져올 수 있는 수단으로 외적 변수를 도입하며 그 정보를 통해 프로그램과 접목하고 변용시켜 구축하는 방법론을 사용하고 있다.

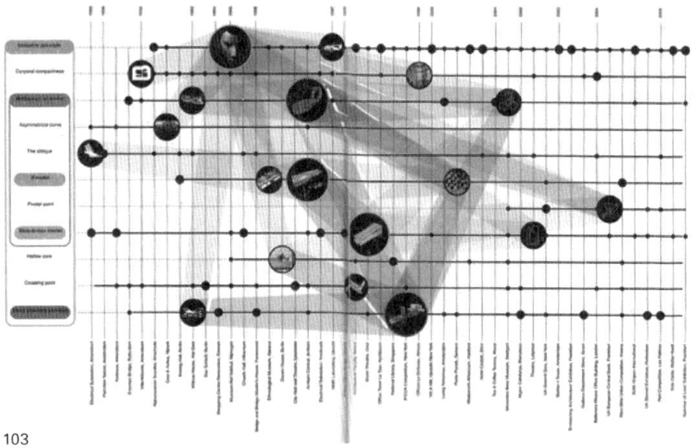

103

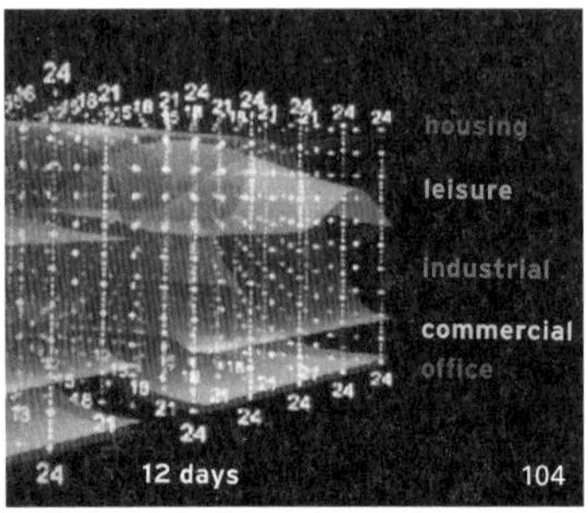


다이어그램은 프로젝트의 중심 개념으로서 프로젝트를 끝까지 한 방향으로 통제하는 수단이 되기도 하고 창조력의 원천과 의사소통의 도구가 되기도 한다. 실제로 그의 조직에서 다이어그램은 설계 과정에서 일종의 협력을 위한 도구로도 사용된다. 그는 직접 건축화될 수 없는 개념들을 건축과 매개해주는 수단으로서 다이어그램을 사용한다. 그 방법론은 일견, 해체철학의 새로운 글쓰기gram의 방법론으로 생각될 수도 있다. 그러나 그의 작업이 들뢰즈적이라고 말할 수 있는 것은 형이상학적인 것을 초월하여 표현하는 것이 아니라 잠재적인 것이 실재적으로 드러나고 분기되는 것에 더욱 초점이 맞추어져 있기 때문이다. 왜냐하면 자하 하디드의 드로잉이 새로운 구축방식과 형태생성을 드러내기 위한 목적이 분명히 존재하는 것과는 달리 들뢰즈적인 추상기계로서의 다이어그램은 건축가의 사

103. UN Studio의 접속과 분기의 결과물
104. 프로그램의 데이터스케이프

고를 정리하고 매개하여 유동적으로 욕망이 흐르고 새로운 복합적 관계를 드러나게 하는 촉매역할을 하기 때문에 그 성격이 다르다고 할 수 있다.

벤 반 버클은 다이어그램을 사용하는 이유가 '설계의 과정에서 기존의 건축 유형을 벗어나기 위함'이라고 생각한다. 생성의 사유가 순환하면서 재배치되고 결합되면서 새로운 차이와 분기를 이루어내는 작용을 위해 효율적인 방법론이 되기 때문이다. 그는 재현적인 개념에서 시작하는 건축은 작업의 시작부터 고착된 상태로 머물기 때문에 새로운 것을 창조해 낼 수 없다고 이야기한다. 이 내용은 앞서 설명한 가능성과 현실화의 개념과 차이점과 같은 이야기이다. 재현적인 개념에서 시작하는 건축이나 디자인은 이미 표현되어 있는 무언가에 대한 고정관념이 있기 때문에 그것을 그대로 만들려고 하는 것은 새롭게 창조하는 것이 아니라 일종의 모방에 그치는 경우가 거의 대부분이기 때문이다. 머릿속에서 생각해내는 것을 현실에서 그대로 재현해내려고 하는 것은 이미 그것 내에 충실하게 재현할 수도 없을 뿐만 아니라 이미 그것을 만들어내려고 하는 과정부터 고정되어 있는 것이다. 그러나 다이어그램은 상대적으로 자유롭게 배치시키고 접속시키면서 계속적으로 유동적인 것으로 생성, 변화되어 차이를 만들어낼 수 있는 잠재성을 지니기 때문에 그만큼 디자인 도구로 사용되면서 새로운 무언가로 '~되기'가 생성될 가능성이 많다.

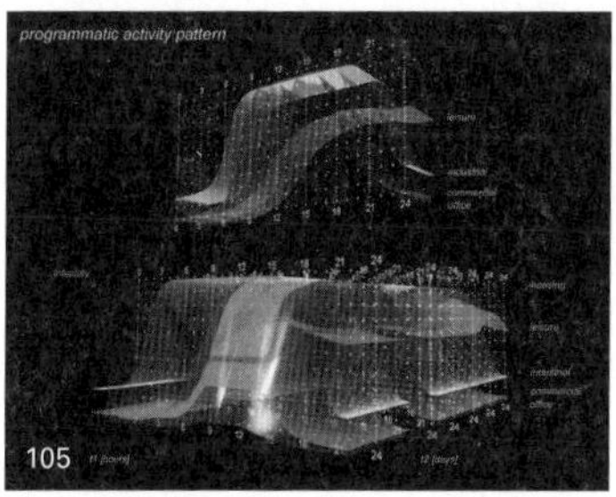


다이어그램은 컴퓨터 그래픽으로 이상적인 이미지를 만들기 위한 수단이 아니라 현실 건축에 있어서 현실과 개념 사이를 연결해 주는 연결체 혹은 매개체로 작용한다. 동시대의 건축 다이어그램은 무언가의 재현을 위한 도구로 사용되지 않고 선택하고 적용하고 변형되는 방법을 통해 구체화될 수 있는 방법론을 추구한다.

105. 프로그램의 데이터스케이프 작업

– 이성의 폐해를 극복할 수 있는 다이어그램 방법론

스케치나 정확한 투시도는 결정된 이미지이다. 요즈음 한국 건축계의 설계 경기에서 보여지는 천편일률적인 컴퓨터 CG 투시도는 잠재성의 측면에서 문제가 있다. 그러한 이미지들은 현실적으로 보이는 것 이상으로 너무나 정확하게 실제적인 하이퍼리얼리티 수준으로 재현하고 있다. 따라서 그러한 투시도는 오히려 보는 이의 상상력에 제한을 가한다. 실제로 지어지는 것보다 더욱 리얼한 투시도는 주체와 객체의 관계를 다시 폭력적인 무언가로 내모는 여지가 있다. CG가 발달하기 전의 시기의 투시도는 전문가가 직접 그

106. JERDE 세운상가 설계경기 리터칭 이미지

리는 '손맛'이 느껴지는 그림이었으며 그것은 보는 사람으로 하여금 참여하여 상상할 수 있는 여지가 있었다. 그러나 요즈음의 이미지는 이러한 과정과 여지를 전혀 부여하지 않는다. 철저하게 대상화되고 객체화된 이미지이다. 극사실적 CG 투시도에는 철저하게 계산적으로 보여주고 싶은 부분만 보여주고 숨기거나 배제하고자 하는 것은 모두 시야에서 사라지도록 각도를 조절하고 취사적으로 표현하게 된다. 그것은 이성의 이름으로 객체를 대상화시켜 추하고 더러운 것, 비이성적인 것을 격리시켜 왔던 이성의 폐해의 다른 방식의 모습이라고 볼 수도 있다.
최근의 유럽 및 미국의 설계경기 이미지는 컴퓨터 그래픽 이미지를 만들고 오히려 리터치retouch 및 새로 수작업을 통해 손맛이 물씬 풍기며 상상력을 불러일으킬 수 있는 여지를 남기는 방식으로 변화시키고 있다.

구체적인 실사 이미지와는 달리 다이어그램은 외부에 의한 변수에 반응하고 변화를 수용함에 있어서 상대적으로 유연하고 매우 효율적이다. 따라서 설계과정에서 원래 드러나고자 했던 잠재성을 충분히 드러나게 하는 특성과 힘이 있다. 다이어그램 자체가 변동하면서 그대로 굳어지기도 하고 새로운 모티브를 만들게 되는 여력이 있다. 그래서 아이젠만은 그의 작업에서 일관적으로 흐르고 있는 사고들을 통합할 수 있는 단어가 '다이어그램'으로 생각하여『다이어그램 다이어리』라는 저서를 집필한 바 있다. 그러나 해체건축의 다이어그램과는 달리 벤 반 버클의 다이어그램은 해체주의 사유의 새로운 글쓰기를 위한 것이라기보다는 들뢰즈의 잠재적인 것이 실제적인 것으로 드러나게 하면서 새로운 복합체나 '~되기'에 있어서 좀 더 원활하게 도움을 주는 도구로 사용하고 있다.
'다양한 요구를 수용하는 열려있는 체계'라는 점에서 벤 반 버클의 다이어그램은 열려있는 체계로서의 '잠재성'과 더욱 밀접하다고 볼 수 있다. 그의 다이어그램은 컴퓨터 툴에 의존하는 경향이 있다. 컴퓨터 툴의 특성상 표현

경향은 많은 정보가 한 번에 압축되어 간략하게 표현되는 경우가 많다. 다시 말해, 다양한 정보가 체계적으로 정리되어 결국 하나의 간략한 이미지로 나타낼 수 있도록 컴퓨터 내의 프로그램 속에서 처리가 가능해진 것이다. 이런 것들과 함께 사이트 따로, 평면, 입, 단면을 순서에 맞추어 사고했던 전통적 방식의 설계방법들이 한 번에 통합하여 작업할 수 있는 시스템으로 변화함에 따라 컴퓨터 툴 상에서 이것들이 협력 과정 속에서 통합적으로 한꺼번에 사고될 수 있는 방법론으로 바뀌었고 그것을 가능하게 해주는 것이 '다이어그램'의 도구적 특성이다. 이것이 바로 컴퓨터 툴의 발전에 따른 변화라고 할 수 있다.

벤 반 버클의 다이어그램은 프로그램에 한정된 것이 아니라 오히려 건축의 모든 요소들을 통합하려는 개념으로 제시되고 있다.

그가 저술한 『Techniques-Network Spin』에서 그는 혼성화 개념을 전체를 조직하는 세 단계의 발전과정을 통해 자신의 건축에 도달하게 된다고 설명하고 있다. 이것은 한편으로 19세기 말 이후 현대 건축이 진행되어 나가는 과정으로 생각해도 무방할 것이다.

모던시대의 합리적이고 이성적인 건축물의 상징인 르 꼬르뷔지에의 '빌라 사보아'를 생각해보도록 하자. 빌라 사보아는 여러 가지 측면에서 당시의 혁신적인 기술과 이상을 반영한 건축물이었다. 그러나 그것은 이성중심의 건물인 동시에 르 꼬르뷔지에 자신이 '살기위한 기계Living Machine' 라고까지 표현할 정도로 기능을 중시한 공간이 진행되었다. 공간을 분석해보면, 이 건축물은 불연속적인 부분들의 파편화된 조직이다. 그것은 건축물은 1권에서 살펴본 바와 같이 이성적으로 모든 공간과 시스템이 대상화되어 객관적으로 분석 가능한 개념적인 작업이다. 그래서 이 건축물은 철저히 데카르트적인 건물이라고 할 수 있다. 또한 국제주의 양식 5원칙은 풍토와 문화를 구분하지 않고도 전 세계 어느 곳에도 이식하여 공식과 같이 똑같이 재현할 수 있다는 점에서 일정 부분 '엘리트의 오만함'의 여지가 있다고도 말할 수

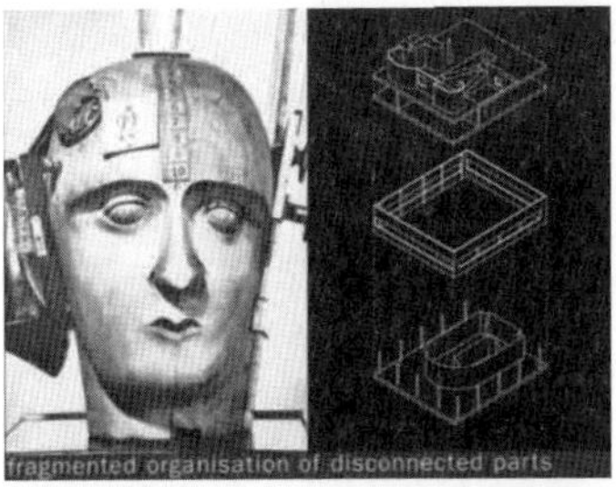


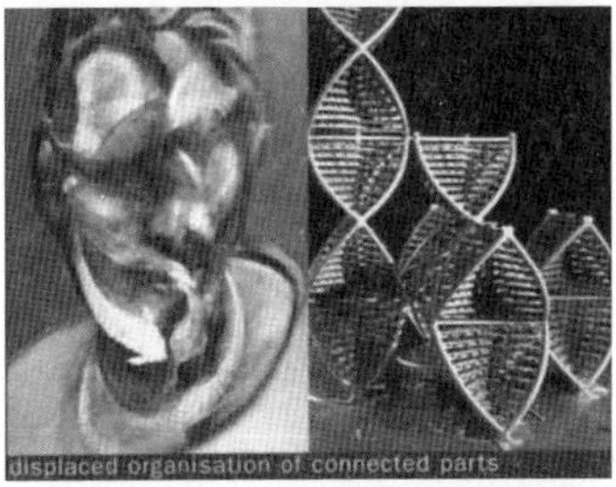


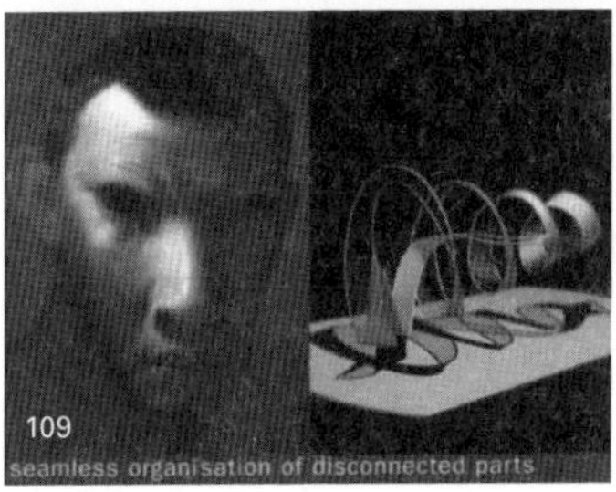


있다. 이 건물은 슬래브와 기둥, 벽 등이 독립적으로 구분되어 이성적으로 3차원적 조합이 되어 하나가 되는 형국이다.

두 번째 단계에서는 배치를 달리하고 연결시키면서 각 조각이 덧붙여져서 하나를 이루는 모습이 진행된다. DNA의 구조를 형상화한 작업과 같이 다양한 DNA구조요소들이 교차 배열하는 것을 상징한다. 이것은 현상학의 내용과 같이 여러 가지 시각에서 판단하여 전체를 파악하고 그 가운데 시간성이 들어가는 입체파의 그림과 같은 내용과도 연결된다. 또한 베이컨의 그림과 같이 기억과 몸의 감각이 무엇 하나 독립적이지 않고 하나의 일체화가 되는 듯한 느낌으로 계획되어 있는 것을 알 수 있다. 마치 지각의 현상학에서 중심적으로 생각하고 있는 주제와 같이 주체와 객체가 자신의 영역을 알 수 없을 정도로 하나로 합쳐지거나 추상기계와 같이 욕망이 재배치되며 분기되는 움직임을 보여주고 있는 것으로 생각할 수도 있다. 들뢰즈적으로 이야기하면 분기되기 전의 추상기계의 과정으로 볼 수 있다.

마지막 단계로 인간과 사자, 그리고 뱀이 합성이 된 변종과 같은 공간을 들 수 있다. 즉, 조각난 각 부분들이 이음매가 없이 결합되어 만들어진 조직이

107, 108, 109. 시대별 건축구축적 개념의 변화

되는 것이다. 여기서 세 번째 조직 방법을 그는 '혼성화' 라고 했다. 벤 반 버클이 여기서 설명하는 것은 주로 건축에서 표피, 구조, 그리고 내부공간이 따로 분리되어 있었던 것을 이제는 하나로 통합한다. 그것은 프로그램을 통합할 뿐만 아니라 나른 건축적 요소들을 매끄러운 관계로 통합시키는 것이나 마찬가지이다. 이성에 의한 명확한 이미지에서 각 요소가 접합되고 화학작용을 통해 뭉개지면서 하나가 되었다. 그것은 매니멀과 같이 상호경계를 인식하기 힘들 정도로 요소들이 교환되며 굳어져서 새로운 변종으로 분기한 상태가 된 것이다. 그 상태에서 또 다른 것들이 배치되어 접속되고 또 하나의 변종으로 변해가는 것이 끊임없이 반복 순환되는 상태가 바로 들뢰즈식의 추상기계 혹은 '~되기'의 관계로 만들어진 결과물로 볼 수 있다.

**– 다이어그램의 사용 방법론**

벤 반 버클은 외부의 모든 조건을 충족시킬 수 있는 방법론으로 다이어그램을 사용하고 있다. 예를 들면 사이트, 교통량, 프로그램 건설 방법 등의 여러 외적 변수로부터 요소들에서부터 정보를 압축하여 다이어그램화시켜 추상화한다. 이후 디자이너들과 다이어그램화 된 정보를 공유하고 열린 의사소통의 상태에서 토의하면서 다이어그램을 보충하고 보완하여 외부의 모든 조건들이 충족되는 열린 시스템을 만들어낸다. 이 과정에서 다양한 요소들이 접속되어 새로운 분기가 이루어지게 된다.

그가 다이어그램을 사용하여 추구하는 것은 증식, 생성, 열려있는 도구인 다이어그램을 통해 다양한 외적변수들과 결정 요소들을 받아들이면서 유동적이면서 현실적이고 창조적인 건축을 만드는 것으로 해석할 수 있다. 생성의 사유와 함께 순환구조 및 배치와 접속의 관계들을 통해 새로운 가능성을

110. 저서 MOVE의 매니멀 이미지

만들어 분기되고 차이를 만들어나가는 내용들은 전적으로 들뢰즈의 사유를 잘 반영한 것이라고 할 수 있다.

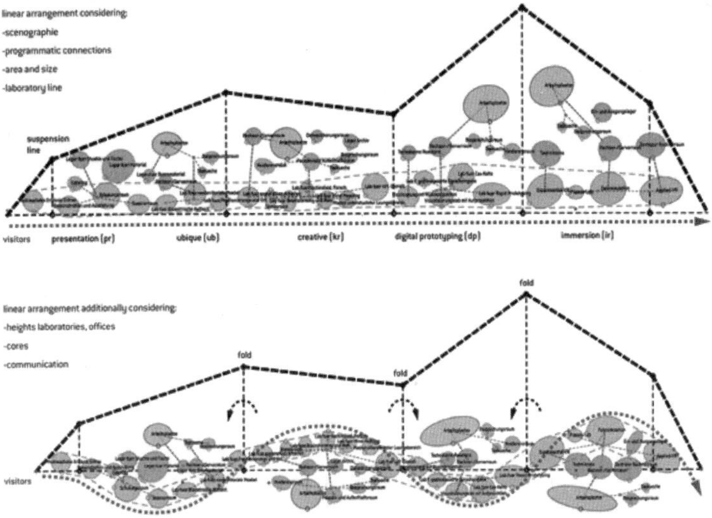


111

### – 벤 반 버클의 다이어그램 방법론

들뢰즈가 강조하는 순환(뫼비우스, 클라인 병)과 관련된 개념이 그의 작품에서 일관되게 적용되고 있다. 일단 뫼비우스 하우스의 경우 표피, 구조, 프로그램이 상호 꼬여 있으면서 순환하는 개념이며 UCP Mainport 프로젝트의 경우, 심장을 은유하는 공간과 동선을 보여주고 있는데 심장 역시 피가 몸 전체를 순환하고 다시 제자리에 돌아오는 시스템을 보여주며 순환의 의미가 잘 표현되었다. NMR-facilities의 자기장의 변화의 은유와 Music Faculty 프로젝트의 스프링의 구성 역시 이러한 연장선상에서 이해할 수 있을 것이다.

그가 다이어그램을 사용하는 방식은 다음과 같다.

111. 프로그램의 접속과 분기의 다이어그램

우선, 프로그램 해석을 이미지화한 다이어그램을 사용하는데 이것은 프로그램에 대한 가장 핵심적인 개념을 시각적으로 표현한 것으로 작품으로는 뫼비우스 주택Mobius House(꼬인선), UCP Mainport(심장) 등이 있다. 심장의 순환과 펌프와 역동성이라는 상징적인 특징은 들뢰즈의 순환체계를 중시하는 흐름과 순환과정을 중시하는 사유방식과 일맥상통한다.

또 사고가 진행되면서 변형되며 통합되는 다이어그램이 있다. 이것은 프로그램이 건축화되는 과정이 다이어그램으로 나타난다. 뫼비우스 주택(구조, 외피), 음대건물(스프링)과 뫼비우스의 띠는 그가 즐겨 사용하는 주제중 하나이다. 뫼비우스의 띠의 꼬여지는 부분은 잠재성이 현실로 드러나는 변곡점으로 생각할 수도 있고 홈 패인 것과 매끈한 것이 상호 이행하고 상호침투하는 과정을 통해 새로운 배치와 새로운 '~되기'의 과정이 이루어지고 있는 것으로 생각할 수 있다.

다이어그램의 정보축약과 대안적 잠재성을 끌어들이는 수단으로 쓰이는 부분이 실험된 또 다른 사례는 다음과 같다. 프로그램과 관련된 정보를 축약하고 시각화한 다이어그램은 프로젝트와 관련된 모든 사항을 포함시키 위해 정보를 시각화한 부분이다. 이것의 예는 UCP Main port(음영효과, 주제별, 시간대별 프로그램) 등이 있다. 여러 가지 대안을 실험하는 다이어그램은 프로그램을 건축화하는 최선책을 찾는 과정에서의 대안으로 확인하는 과정으로 생각할 수 있다. MNR Facilities(자기장의 변화), Het valkhof(내부의 동선)등이 그 예로 볼 수 있다.

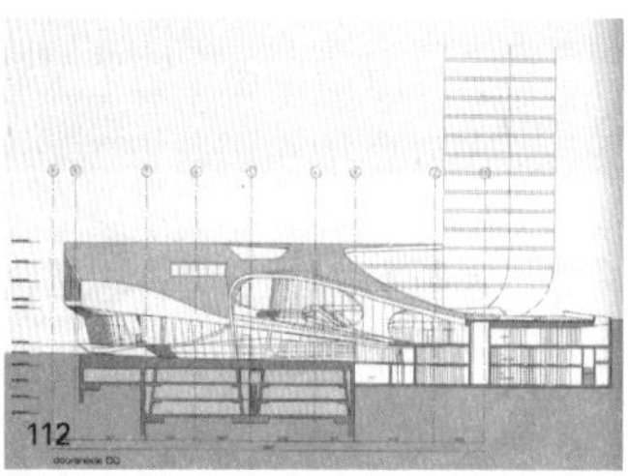

112. 벤 반 버클의 아른헴 프로젝트

프로그램의 유동적이고 유연한 변화를 수용하기 위해 다이어그램은 건축구축 방법론으로서 유용하다. 건축계획 과정에서 프로그램의 유연한 변화와 결정에 대한 해석을 통해 평면, 데이터 시각화, 직관적 다이어그램을 사용하게 된다. 이것은 모두가 프로그램의 해석을 위해 건축적으로 도입하는 수단이다. 프로그램과 다이어그램이라는 도구가 결합하여 작업하고 작동되면서 새롭게 요소들과 프로그램들을 접속시키고 분기시키면서 기존 유형에서 벗어날 수 있는 건축의 가능성이 그만큼 넓어질 수 있다.

### – 작품설명

### 뫼비우스의 띠와 클라인 병

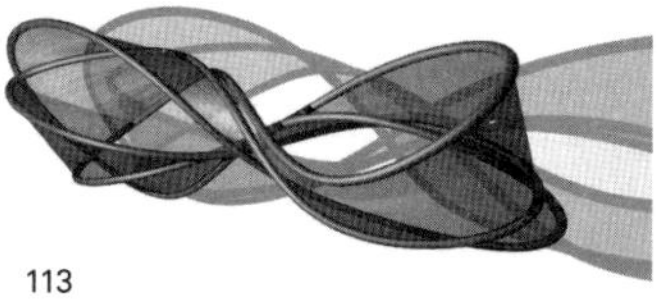

113

벤 반 버클의 작품개념에서는 항상 끊이지 않고 등장하는 다이어그램이나 이미지가 있는데, 그것은 뫼비우스의 띠나 클라인 병의 이미지이다.

뫼비우스의 띠는 좁고 긴 직사각형 종이를 180°(한 번) 꼬아서 끝을 붙인 면과 동일한 위상기하학적 성질을 가지는 곡면으로 정의된다. '뫼비우스의 띠'는 3차원으로 끝이 없이 이어지는 절대 끝이 없는 곡선이다. 이것은 독일 수학자 F.클라인이 발견한 바깥쪽과 안쪽을 구별할 수 없는 단측곡면單側曲面. 클라인 관管 혹은 클라인 병[35]이라고도 하며 뫼비우스의 띠와 같은 이치이다. 클라인 병은 바깥쪽과 안쪽을 구별할 수 없는 폐곡면의 중요한 예로, 윤환면과는 위상적位相的 성질이 본질적으로 다르다. 뫼비우스의 띠가 기계벨트용으로 이용되는 데 반해 이 병의 용도는 아직 발견되고 있지 않다. 이렇게 4차원적인 특성과 독특한 특성이 있는 클라인 병의 이미지는 잠재적인 순환과 프로그램의 접속을

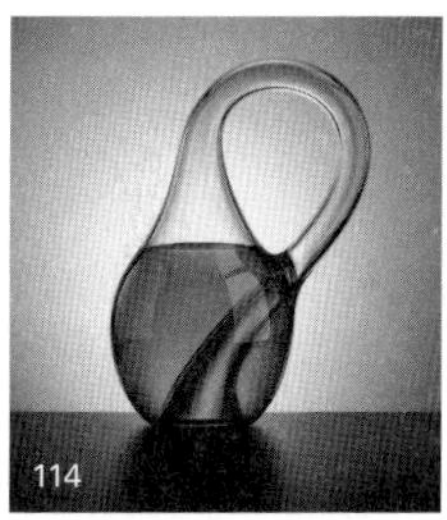

114

113. 뫼비우스 띠

114. 클라인 병

35) 클라인 병은 4차원상에서 자연스러운 물체이다. 원기둥의 위아래 경계인 두 원주에 한쪽 방향을 잡아 서로 반대가 되도록 두 원주를 맞추면 윤환면(輪環面;토러스)이 된다. 여기서 이 방향이 일치하도록 맞물리면 원기둥은 자신을 가로지르게 되어 원주로 자기교차하는 도형이 된다. 그 폐곡면을 '클라인병'으로 부른다. 클라인병은 2등분하면 각각이 뫼비우스의 띠가 되므로 2개의 띠를 경계를 따라 맞붙여도 형성시킬 수 있다.

통해 새로운 차원의 분기를 가능하게 해주는 들뢰즈적인 사유와 유사한 것으로 사용되고 있으며 이것이 UN-Studio의 작품 대부분을 관통하는 주요한 개념으로 사용되고 있다.

### 1) 뫼비우스 하우스

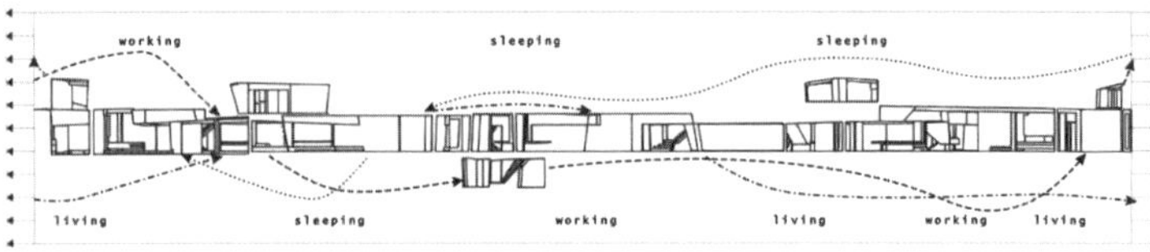


115

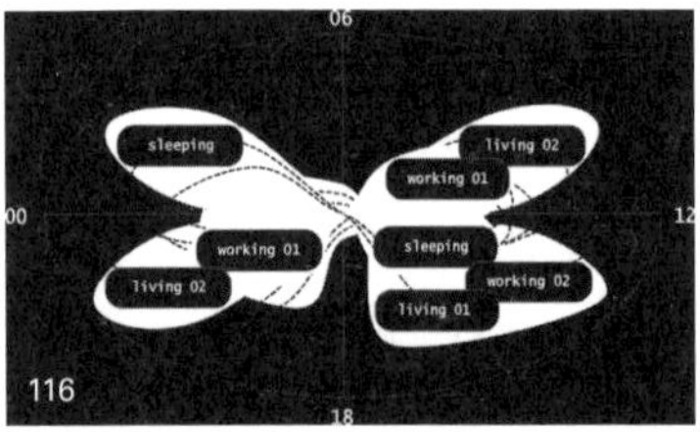


이 작품은 숲 속에 두 명이 각 세대를 이루며 거주하는 프로그램을 수용하는 주택으로, 각기 다른 프로그램이 존재하고 프로그램의 차이도 엄연히 다르다. 그리고 집의 내부는 공유해야한다는 조건이 있었다. 벤 반 버클은 두 개의 꼬여있는 선으로 되어 있는 뫼비우스의 띠와 같은 다이어그램을 그렸다. 여기서 통합을 요구한 것(프로그램)은 두 개의 선이 서로 꼬여 있는 것으로 표현되어 있다. 그는 단순한 첫 다이어그램을 여러 가지 형태로 변형시키면서 시간을 다이어그램에 끌어들여, 방향성이 존재하는 외피 다이어그램으로 전환시켰다. 이후 시간과 움직임의 궤도 자체가 구조체가 되어 있다. 그리고 무형적인 삶의 순환은 콘크리트와 유리 두 재료를 통해 건축으로 구현되도록 계획했다. 그는 삶의 기본 공간인 주거를 위상기하적으로 꼬임과 순환을 통해 서로가 서로에게 접속되고 새로운 삶의 가능성을 열어두는 건축을 선보이며 주목을 받았다.

115. 뫼비우스 하우스를 전개한 단면
116. 겹쳐지는 두가정의 프로그램

117

## 2) Museum Het Valkhof

벤 반 버클은 이 미술관을 설계하면서 현대 미술관이라는 시설을 프로그램적으로 혼성적인 공간으로 보았다. 미술관이란 미술품을 단순히 보관하고 전시하는 곳이 아니라, 사회의 문화 시설로서 상징성을 가져야 한다는 것이다. 다음의 이미지는 천장 구조의 수단이 되는 요소들로 단단한 대양이 유동과 파동의 패턴, 천정의 그림자를 보여주고 있다. 내부는 불규칙한 칸막이벽이 세워져있는데 이 벽은 불규칙한 개구부를 가지고 있고 이 개구부와 관련하여 벤 반 버클은 일련의 다이어그램을 그리고 있다. 이러한 임의로 선택 가능한 동선은 전시의 유동성과 미술관을 하나의 전체로 통합하는데 이질적인 프로그램을 서로 분리하지만, 그것을 다양한 방법으로 통합하는 방법을 나타내고 있다. 이 미술관에서는 구조 또한 이와 같은 평면의 유동성을 위해 내부

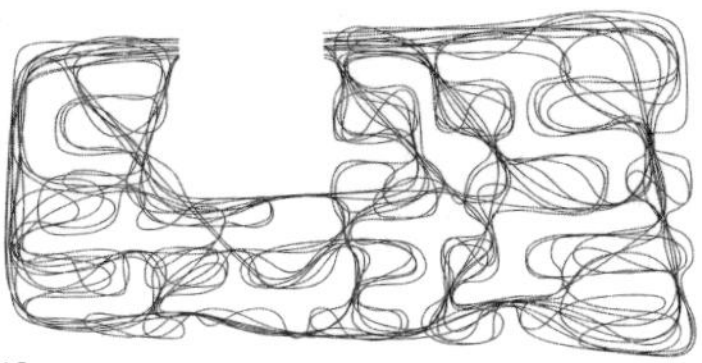

118

118. 프로그램과 동선의 교차

공간과 통합되고 있다. 벤 반 버클의 다른 작품처럼 외피자체가 구조가 되지는 않지만, 의도된 평면의 형태 안에 기둥을 넣어 구조가 의도된 공간을 파괴하지 않도록 되어 있다.

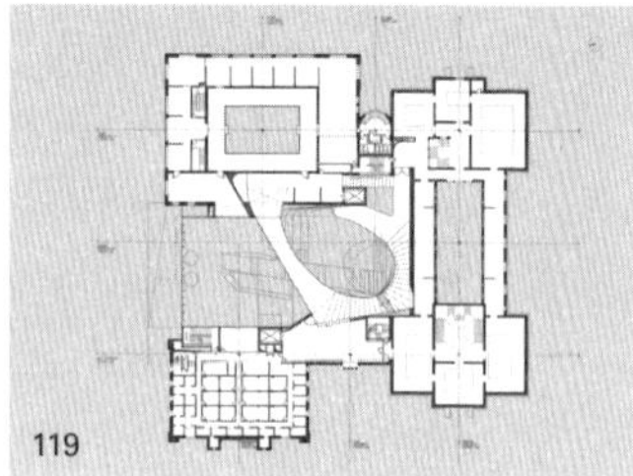

### 3) 음악대학Music Faculty

이 작품은 음대를 위한 계획으로 여기에는 다양한 기능들이 포함된다. 이 다양한 기능들을 음악이라는 주제 아래 하나로 묶기 위해서 벤 반 버클은 하나로 만들어진 스프링 구조를 다이어그램으로 제시했다. 이 스프링구조는 연속적이지만 각 부분들이 차별성을 갖는 악보의 특성과 비슷하다. 그는 두 가지의 스프링 구조에 대한 다이어그램을 도입했다.

첫 번째 다이어그램은 프로그램에 따른 볼륨을 담을 수 있는 한 방향을 갖는 구조체를 나타내고 있다. 교수실, 리허설실, 탈의실, 워크샵, 몽타주 홀, 다기능 홀, 입구 순으로 왼쪽부터 오른쪽으로 배열되어 있다. 이 다이어그램은 방향성과 함께 각 기능 공간의 연결을 잘 표현하고 있다. 두 번째 다이어그램은 처음 다이어그램을 변형시킨 것이다. 탈의실과 몽타주 홀을 기준으로 왼쪽 오른쪽의 나선이 그 방향을 바꿔 하나로 겹쳐지고 있다. 큰 나선과 작은 나선들 사이에는 빈 공간이 존재하고 이 부분은 이제 전이영역의 성격을 갖는다. 이 전이영역은 음향적인 버퍼공간을 제공하고, 공공의 동선과 분리된 연주자들을 위한 2차적인 동선 공간을 만들어 준다. 위 다이어그램에서도 찾을 수 있는 공적인 프로그램과 연주자들을 위한 프로그램의 분리는 그것이 하나로 합쳐진 아래 다이어그램에서는 전이영역에 의해 분리된다. 스프링 다이어그램은 다시 스프링이 잠재적으로 가지고 있는 면적인 다이어그램으로 전환된다. 지면으로부터 연결되는 주출입구와 공연시설을

119. Het Valkhof 평면

담고 있는 공적인 표면과 서비스 표면, 그리고 대학기능을 담고 있는 표면으로 나뉜다. 이 다이어그램은 하나의 건물 안에서 다양한 기능들이 조합되는 방법을 보여준다. 이 표면들과 관련하여 분리된 동선은 이 표면들의 동선과 다시 연결된다.

다이어그램들의 변화를 통해서 만들어지는 이 건축물에서 스프링 다이어그램은 다면적인 특성을 보인다. 먼저 이 스프링은 뫼비우스 주택에서의 다이어그램처럼 건물을 만들어 내는 구조체이다. 이 구조체는 건물의 외피를 만들어 내고, 또한 내부 표면까지 만들어 낸다. 나열된 여러 개의 단면은 스프링 구조가 가지고 있는 연속적인 공간의 생성력과 관련하여, 조금씩 변해가는 공간을 의미했다. 결국 이 건물에서 그가 성취하려고 한 것은 프로그램을 담는 공간과 구조 사이의 새로운 관계를 형성시킨다.

#### 4) 벤츠 박물관

독일 슈투트가르트에서 2006년 개관한 벤츠 박물관은 세계적인 브랜드가 된 벤츠의 초기모델부터 전시되어 있는 자동차 박물관이다. 건축물을 위에서 보았을 때 그는 클로버 잎을 모티브로 디자인했다고 하지만 전통적인 벤츠사의 엠블럼을 상징하고 있는 것을 쉽게 인지할 수 있다. 처음 진입하게 되면 방문객들은 중앙의 공용공간을 만나게 되고 최상부층까지 순환되는 램프로 연결된다. 일반적으로 진입해서 1층부터 관람을 시작하는 박물관 건축물과는 달리 벤츠 박물관은 제일 먼저 위층으로 엘리베이터를 타고 올라가서 2가지의 경로를 선택해서 관람을 시작할 수 있으며 교차되는 지점에서 다시 자신의 경로를 수정하여 관람할 수 있다. 세 개의 원통형을 감싸고도는 순환의 슬로프를 걸으면서 관람자는 공간적 경험을 하게 된다.

건축공간은 연대기적으로 전시되어 있는 두 개의 주요 통로를 주로 경험할 수 있는데, 한 곳의 통로는 차와 트럭이 전시되어 있고 다른 쪽은 벤츠의 역사가 연대기순으로 전시되어 있다. 나선형의 통로는 몇 군데의 포인트에서

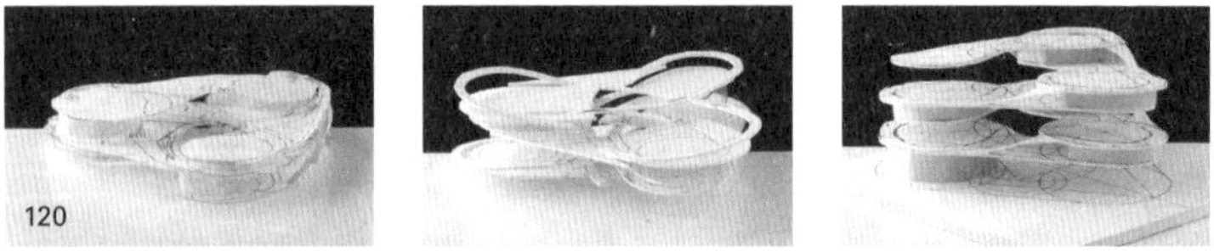

교차되어 있다. 계속해서 확인할 수 있는 바와 같이 그의 건축에서는 일관되게 직접적인 공용공간과 프로그램 상의 순환과 겹쳐짐이 작용한다. 그러나 그의 작품에서는 외피 안의 내부에서의 순환이지 외부공간과의 관계와 순환을 직접적인 개념으로 설정하는 경우는 거의 없다.

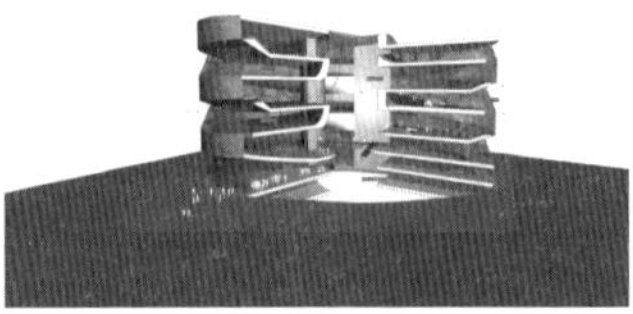

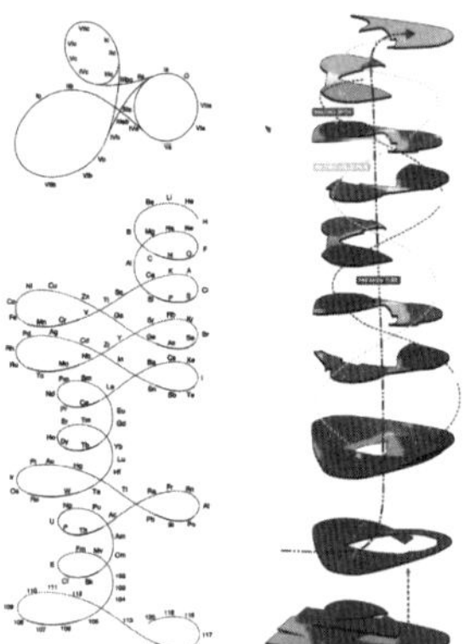

121

적어도 초기의 UN Studio의 건축은 들뢰즈의 사유를 잘 개념화하여 표현시켰다. 순환구조(클라인 병)와 다이어그램 등을 이용하여 만들어내는 매니멀적인 복합체의 양상은 들뢰즈의 순환 개념을 적용한 건축적 표현이라고 할 수 있다. 특히, 그들의 현 작업은 일정 부분 신자유주의와 영합하면서 다국적 방식으로 진행되면서 현실화되는 과정에서 신자유주의적인 속성으로 변질되고 있는 것, 자본의 상호 이행의 과정을 역시 받아들이면서 변화해 나가고 있다. 이 역시 들뢰즈적인 후기자본주의 현상이 반영된 한 단면을 보여주는 것으로 볼 수 있다.

벤 반 버클의 초기 건축 작품은 들뢰즈의 사유에 많은 영향을 받고 그것에 대한 영감을 작품으로 승화시켜 표현되었다. 또한 그의 작품은 실제로 접속을 통해 분기하는 창조적 작품경향을

120. 순환 아이디어 모델
121. 단면과 순환 다이어그램

선보여 왔다 . 그러나 건축의 한계이기도 한 외부의 프로그램의 접속가능성은 점차 국제적 상황에서 작업을 수행하고 거대화되고 사무소가 대형화되면서 그러한 느낌의 내용들이 사라지고 있다. 대형 설계사무소가 가지는 한계를 보이는 과정에 있는 듯 보인다. 현재의 모습은 일반적인 대형설계사무소의 외피 혹은 외형적인 형태의 특성을 강조하여 건물의 아이덴티티를 획득하는 정도의 수준 혹은 이미지를 소비하는 외피에 집중한 디자인으로 변질되었으며 소속 디자이너들의 본래 의도가 성취되지 못하는 것 같아 아쉬운 느낌이 들곤 한다.

122

123

### 7022 FOA Foreign Office Architects의 작업

FOA는 3D 툴의 발전과 함께 유행했던 랜드스케이프 건축을 중심으로 표현방법론을 개척하여 명성을 얻었던 건축가 그룹으로 정의내릴 수 있을 것이다. FOA의 건축은 디지털 기반의 3D전문 프로그램을 사용하여 다소 표현주의적인 건축표현을 즐겨 선보였다. 유동적 변곡점이 많은 유기적 표현과 함께 주변의 지형에서부터 자유롭게 뻗어 나오거나 요동치는 선들이 탈주하는 느낌의 작품들을 통해 지형적이면서도 동시에 자유로운 동선과 벽과 슬래브와 천정이 경계를 넘나들고 있다. 그들은 모호한 위상기하적인 공간체계를 만들어내며 다중심의 유기체를 만들어냈다. 21세기 초반에 랜드스케이프Landscape건축을 주도하였다는

124

122. Beijing International Investment Square
123. 외피에 집중한 수원 I'Park City
124. FOA알레한드로와 무사비의 초상

점이 이 그룹의 가장 큰 특징이라고 말할 수 있을 것이다.

FOA는 1993년 런던에서 파시드 무사비Farshid Moussavi와 알레한드로 자에라 폴로Alejandreo Zaera_Polo가 파트너로 시작한 설계 사무실이나 2011년 두 사람의 이혼과 함께 해체되었다. 1996년 요코하마 페리터미널 국제 현상 설계에서 당선된 이후 국제적 명성을 얻었으며, 바르셀로나와 영국을 중심으로 다수의 프로젝트를 수행한 그룹이었다. 베를라헤 학장을 지내기도 한 그들이 하는 작업의 키워드를 꼽으라고 한다면 복합성과 일관성으로 정의할 수 있다. 그들의 작업은 복합성을 생산하고 현실화시키는 특징이 있는데, 이것에는 데이터, 통계, 다이어그램과 같은 것들을 사용하여 형태를 만들며 복잡하고 작품을 진행함에 있어서 아카데믹한 건축개념과 정교한 구성을 만들어내는 힘이 존재한다. 그들의 복합성을 추구하는 건축은 다양체로서 접속되고 분기되는 것으로 볼 수 있으며, 이것은 미래의 진화를 위한 경계선상에서의 끊임없는 소통이 이루어지고 있는 것이다. 그들은 기존의 건축을 단순히 재현하는 것은 새로운 패러다임을 만들어내는 능력을 상실하게 된다고 생각으로 작업을 수행했다.

그들의 저서『Pylogenesis』는 타이틀에서 보다시피 계통 발생론系統發生論이라는 생물학적 메커니즘의 변이와 움직임을 주요한 주제로 작업하고 있음을 알 수 있다. 이를 위해 그들을 유전자 알고리즘의 형태와 구조가 컴퓨터 디자인과 관련하여 어떻게 표현되고 구축될 수 있을 것인가를 연구했다. 명백하게 그들이 관심을 둔 것은 지형의 변형을 통해 기존의 기하학적 형태체계에서 변이가 이루어지면서 형성되는 변종의 펼쳐진 디자인과 함께 내부의 끊임없는 순환을 염두에 두어두고 디자인함을 밝히고 있다. FOA의 Foreign이라는 '외부'를 다른 유전자가 침입하여 새로운 변종을 만들어내며 타자화시키는 철학적 관점과 접목되고 있음 역시 밝히고 있다. 책에서 글을 쓴 마넬Manel de Landa은 DNA가 펼쳐짐에 따라 배아가 형성되고 형태와 공간이 생성되면서 변화해나가는 것에 주목하고 있다.

그들 작품의 또 하나의 키워드는 '증식'이다. 이것은 프로세스의 전개 과정을 나타내는 것으로, 프로젝트를 통한 사물의 진화를 추적함과 동시에 정보의 변화에 대한 변형의 가능성을 내포하고 있다. 또 하나의 특징은 재료의 일관성을 들 수 있는데 이것은 프로젝트의 재료적, 물질적 일관성을 유지할 수 있다. 그들이 사무소 이니셜의 F로 사용하는 "foreign" 이라는 단어는 밖으로부터 공간에 대한 입장을 표명하고 공간의 정의를 시도하는 것으로, 이것은  건축은 복잡한 방식으로 물질을 구성함을 보여주고 있다. 다음의 작품들을 통해 FOA 건축의 특징과 생성의 철학과의 연계성을 살펴볼 수 있다.

## 1) AZADI CINEPLEX(1996)

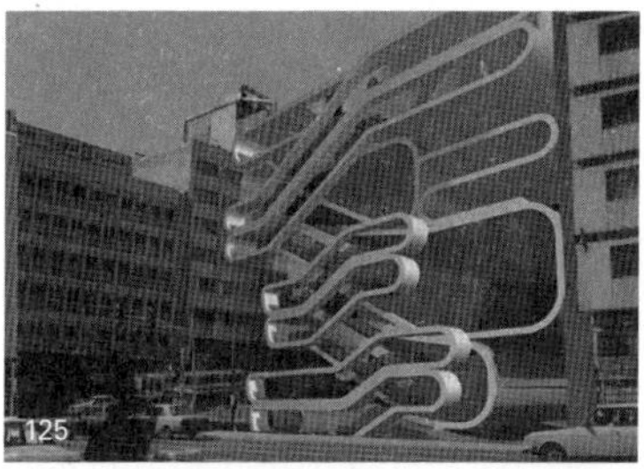


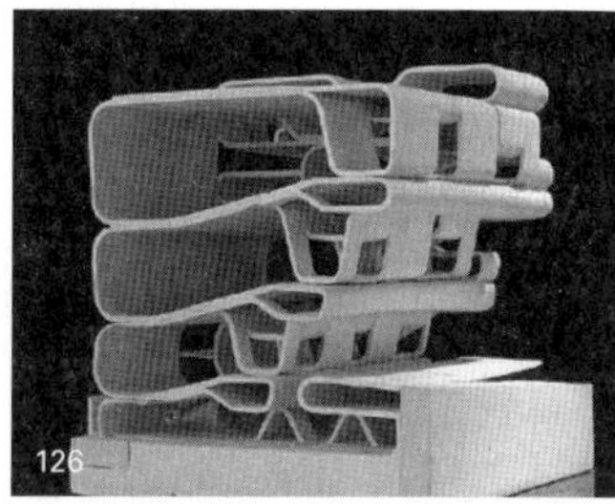


이 작품은 이란의 수도 테헤란에 계획된 것으로 시네플렉스의 기능에 맞추어 마치 지상으로부터 솟아 오른 필름의 띠의 이미지를 통한 구성을 한 것이 특징이다. 프로그램은 150석에서 700석에 사이에 이르는 극장 7개로 구성되어 있으며 필름을 상징하는 띠와 튜브(장스팬의 튜브형 일체구조)로 형성된다. 계획의 입면은 폴딩Folding의 개념을 형상화하여 구축한 것이다. 또한 동선은 분화된 입구와 출구의 시스템을 통해서 구성하였으며 서쪽 입면은 에스컬레이터들 연속적으로 층을 올라가며 설치되어 있어서 역동성을 유지하고 있다. 건물의 동선을 의도한 튜브 시스템은 스크린에 평행하게 놓여 있으며 대지의 서쪽 입면에 위치한 에스컬레이터 방향을 향해 열려져 있

125.그림 Azadi Cineplex 입면
126.그림 Azadi Cineplex 단면

는 건축적 어휘를 보여주고 있다. 동쪽과 북쪽의 비상 탈출 시스템은 인접한 방재를 위한 것이며 벽면들 사이에서 일종의 '완충지'를 형성하고 있다.

들뢰즈적으로 보았을 때, 이 작품은 개념에 있어서 분명 기존의 박스적인 쌓아놓기식의 건물에서 일부가 분화되고 분기되어 새로운 영역으로 침범하고 재배치되면서 변화되는 요소들을 상징하도록 계획되어 있으며 과정이 명확하게 보이기도 한다. 벽과 슬래브, 수직동선 등이 서로 경계를 넘나들면서 하나의 새로운 공간을 만들고 있는 것처럼 보인다. 그러나 '이러한 디자인은 자본의 순환체계에 영향을 주거나 공간자체의 유기적인 통합 혹은 분기, 변화를 가져올 수 있는가'라는 측면에 있어서는 회의적이라고 이야기할 수 있을 것이다. 박스에서 유기적으로 변화된 일부분은 그런 사유의 적용이라고 할 수 있지만 그것 자체가 전체의 변화를 가져오는 무언가를 만들었다는 것에는 동의할 수 없을 것이다.

다음의 사례를 한번 보도록 하자. 서울에 위치한 이 유치원은 주위에서 흔히 볼 수 있듯이 처음 계획될 당시 다가구 건축물의 기능에 철저하게 순응하여 디자인된 것이 이후 유치원으로 기능이 변경된 사례이다. 본질적으로 이 건물과 유아원의 입면 사이에는 별다른 차이가 없다. 차이가 있다면 이 작품은 필요에 의해 상업적으로 주목을 받아야 하는 목적이 있고 후자는 기능에 의해 작업하다 보니 그렇게 된 것 정도로 생각할 수 있다.

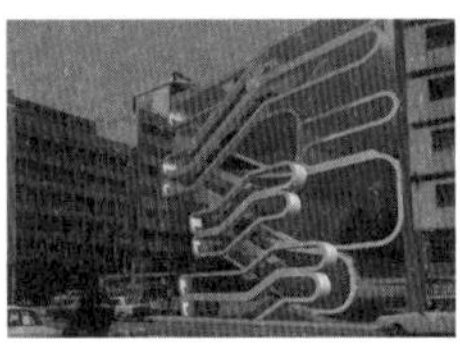

127. 서울소재 한 유치원과 동선의 형태화
128. 장식된 헛간과 근본적으로 유사한 Sign으로서의 기능

또한 4권에서 언급한 벤츄리식의 설명으로 말하면, 이 작품이 장식된 헛간 Decorated Shed의 입면과 그다지 큰 차이가 있다고 볼 수 없다. 분기된 부분, 차이가 있는 부분이 사람들의 관심을 끌기 위한 입면 즉, 일종의 사인이라고 생각하면 장식된 헛간과의 차이는 거의 존재하지 않는다고 보아야 할 것이다. 이 이야기는 이 건물은 진정한 차이와 분기가 되어 새로운 무언가가 되었다기 보다는 상업적 필요에 의한 전면부의 장식적 표현이라고 보는 편이 더 적합하다는 것이다. 우리는 진정한 자본구조에 의한 새로운 무언가의 '~되기'를 만들고 표현하는 것이 진정한 차이와 분기가 될 수 있기 때문이다.

## 2) Virtual House 1997

이 주택은 땅을 인위적으로 변형을 가하여 작업을 수행했다. 그것은 마치 단백질이 DNA코드를 만들기 위해 변형된 것처럼 보이기도 한다.  그것은 뫼비우스 하우스처럼 꼬여있기도 하고 프로그램에 따른 에너지의 흐름 및 펼쳐짐을 연상시키기에 충분하다. 이 작품은 주택의 증식을 표현한 것으로 설명하고 있다. 이 계획은 마치 단백질이 DNA코드를 만들기 위해 변형되는 것과 같이 공간의 코드를 생성하기 위해 변형되고 있다. 마치 지면에서 솟아오르는 끊임없이 변화되는 띠들이 교차하고 다시 지면으로 되돌아오는 순환을 통해 지면과 하나가 되는 디자인을 보이고 있다. 작품은 내부와 외부, 앞과 뒤 , 위와 아래 등과 같은 주거의 공간적 현상이 갖는 특성들이 유동적인 흐름에서 탈주하고 있으며  다른 차원의 주거의 문화적 구축성을 보이는 사고과정을 보여주고 있다. 이 주택에서는 계속해서 변화하는 곡선의 흐름을 통해 경계가 계속해서 재설정되는 과정을 현시시킴으로써 전통적인 건축의 경계라는 구분이 사라지는 건축방식을 추구하고 있다. 그의 건축에서는 서로 분리된 단편적인 부재들을 사용하는 방식들이 배제되고, 물질적인 연속성 속에서의 특이성에 의해 결정되는 물성을 향한 움직임으로 대체되고 있다.

129

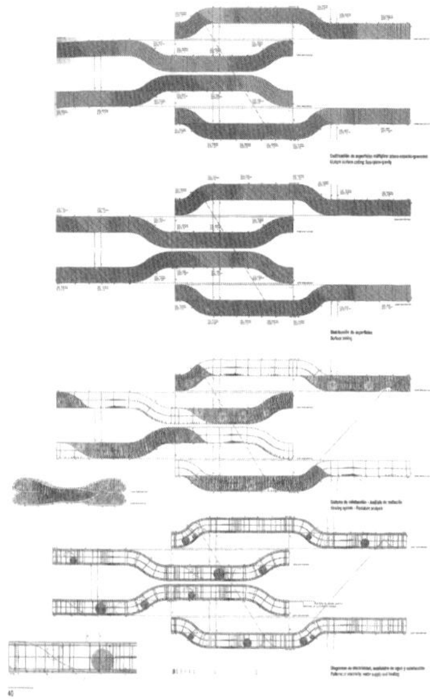

130

## 3) 요코하마 국제터미널 2002

131

이 작품을 통해 FOA라는 그룹이 전 세계에 각인되었던 대표적인 작품이 되었다. 이 작품은 정원과 외부에서 오는 항구의 승객들을 매개하는 분리 벽을 최소화시키는 디자인으로, 전형적으로 랜드스케이프 디자인 계열의 작품이다.

프로젝트의 출발점으로서 이 작품은 정원과 항구사이의 매개를 의미하는 동시에 온 사람들과의 매개시켜주고 있다. 그

129. virtual house 모델
130. virtual house 다이어그램
131. 요코하마 국제터미널

들은 특이한 특성의 매개자를 생각했다. 견고한 분리 벽을 감소시켜 인식할 수 없는 다른 상황으로의 이동이 가능하도록 계획했다. 일종의 위상기하적 이동을 가능하게 하는 구조를 현실화시키기 위해 1m 단위로 단면을 잘라 도면을 표현하며 구축했다.

지면은 계속해서 겹쳐지고 중첩되면서 주름이 되고 이 통로를 따라 구조적 힘도 같이 전달되어 하중을 자연스럽게 견딜 수 있도록 하는 역할을 하고 있다. 그러나 그들의 저서에서 최초에 지면을 변형하면서 프로그램과 공간 그리고 동선이 순환되는 것을 먼저 상정하고 계획했다고 나와 있으나 이 작품에서는 두드러지는 순환의 개념을 발견하기는 어려우며 오히려 내, 외부의 공간이 연속적으로 하나가 되는 듯한 표현을 통해서 순환의 느낌을 간접적으로 표현하고 있다. 이 작품은 내, 외부가 일체화된 듯한 랜드스케이프 건축을 추구하는 건축경향의 궁극적인 결과물로 인정될 정도로 완성도 높게 랜드스케이프 건축으로서 표현되었다. 대지에서 각 레이어별로 솟아나와 연결된 듯한 디자인을 통해 대지와 건축이 도시 안에서 하나로 일체화되어 외부(해외)로부터 도시 내부로 들어오는 경계로서의 기능과 상징적 역할을 잘 수행하고 있다.

132

건물의 동선 시스템은 일련의 순환 고리가 되며, 프로그램은 역동적인 것과 정적인 것의 경계를 제거하여 최대한의 역동성을 취할 수 있도록 했다. 이러한 유목적인 디자인은 끊임없이 움직이며 변화하는 상황을 상징하며 여행

132. AZADI CINEPLEX(1996)

자를 위한 시설로서의 기능을 수행하며, 최소한의 기본 기능을 제외한 나머지 프로그램은 비결정적인 프로그램을 제안되었다. 이 작품의 기능은 국내시설과 해외시설이 드나드는 공간의 부피의 변화에 유동적으로 대응할 수 있는 구조로 되어 있다. 이것은 또 다른 의미의 탈영역화를 위한 장치이기도 하다. 이 작품의 기능적인 구조는 유형을 벗어난 공공공간의 개념과 명확한 프로그램이 배정되어 있지 않은 공간개념이 응결되어 결과물로 나타난 것으로 볼 수 있다. 이 건축물은 자연이라는 대지를 매개로 하여 건축을 경험하는 사람들로 하여금 지각하지 못하는 가운데 서로 다른 경계의 영역과 내외부의 모호한 공간을 위상기하적으로 통과하는 느낌이 들도록 했다.

4) BBC WHITE CITY MUSIC CENTRE AND OFFICES 2003

이 계획에서는 도시와 공간을 연결하여 유리 막을 통하여 내부의 활동을 외부에서 볼 수 있다. 그들이 생각하기에 음악은 시간에 따라 연속되는 이벤트를 의미하고 형태로 본다면 선형적인 구조로서 하나의 띠를 내포하여 디지털 시대의 패러다임을 이루는 악기를 취했다고 언급되어 있다.

133

계획은 접혀진 벽(스크린)과 창 사이의 명백한 구분을 통해 외부와 밀접하게 연결된 건물의 내부공간을 형성하고 있다. 스크린은 띠모양의 불규칙한 띠를 이루는 측면의 입면은 시시각각 변화하는 이미지인 방송을 상징하는 천연색의 이미지를 만드는 필름이 입혀지도록 계획되어 있다. 창은 띠가 대

133. BBC WHITE CITY (MUSIC CENTRE AND OFFICES), 2003

지로부터 솟아오르면서 공공영역에서 일어나는 활동이 자연스럽게 유입되어 활동을 공간이 껴안음으로써 건축의 프로그램과 일반대중 사이에 의사소통과 행위들이 자연스럽게 연계될 수 있도록 계획되어 있다. 그것은 레벨의 아래, 사이, 위쪽으로 공공의 영역들을 적층하며 사이에 다른 프로그램이 삽입되는 형태이다. 그것은 지상 층에서 보면 주변의 경관과 연결되는 열린 공간으로 계획되며, 이곳에서는 미술과, 극장을 위한 포이어, 상점과 작은 카페 등이 위치한다. 방송국은 지면의 효율적 활용을 가능케 하며 공공공간을 가지며 도시적인 환경이 갖는 다중적인 면들에 대응할 수 있도록 매스가 분절되어 있어서 일련의 상호 연결된 광장들로 재편되어 있다. 이것은 마치 의도와 욕망을 가진 무언가의 힘이 외부와 미래와 빈 공간을 향하여 힘차게 튀어 올라가는 모습을 형상화시킨 것으로 보여진다. 이 작품은 생성과 사유의 힘과 열려진 세계에 대한 움직임이 영원회귀하며 열려진 시스템 하에서 계속해서 진행해나가고 있는 현상을 보여주고 있다. 표현으로 생각했을 때에는 들뢰즈적인 내용에 상당히 가깝다고 볼 수 있다.

벤 반 버클은 다이어그램을 이용하여 접속과 차이와 분기를 만들어내는 과정을 이론적으로 건축에 접목하여 상당한 효과를 성취했다. '주름'이라는 개념과 '차이와 반복'의 개념을 통해 추구하는 랜드스케이프 디자인과 파라미터 건축디자인은 초기에는 아방가르드적인 흐름으로 탈주의 선을 타며 트렌드를 선도했지만 이내 자본의 홈 패임의 흐름과 결합하여 하나의 스타일로 변하는 변질의 과정을 겪기도 했다.

건축적 복합체와 다양체는 자유로운 형태에 주목하는 것보다는 프로그램과 다양한 동선과 이벤트 공간이 접합되면서 새로운 분기와 차이를 만들어낼 수 있는 다양체를 어떻게 만들어줄 수 있느냐가 관건이다. 내부에서는 그러한 과정이 일어나지만 하나의 완결체로서 기능한다면 그것은 이미 기계로서의 잠재성을 잃어버린 것이다. 매끄러운 공간은 그래서 화려한 디자인의 외형적 표현보다는 사건과 차이를 촉발하고 만들어낼 수 있는 공간이어야 하며 다양한 욕동의 요소들이 자유롭게 소통하고 접속할 수 있는 장소여야 한다.
적절한 조치가 이루어지지 않으면 기본적인 건축물의 프로그램 자체가 위협될 만한 것만 제거하는 최소한의 통제만을 허용하면서 자율적인 건축적 해결을 할 수 있어야 한다. 자본의 속성을 대변하면서도 탈주와 저항의 선을 끊임없이 추구하는 새로운 영역을 찾아가는 건축가의 모습을 기대해야 한다.

### 7023 렘 콜하스의 건축

렘 콜하스의 건축은 몇 장 안 되는 지면으로 일반적 특성을 설명하는 것이 불가능할 정도로 동시대 건축의 수많은 이론과 내용들이 함축되어 있다. 가히 그의 건축은 동시대 건축에 있어서 르 꼬르뷔지에의 위상에 이를 정도의 영향력을 끼치고 있다. 따라서 그의 작품들을 간단하게 언급하는 것이 쉬운 일은 아니다. 그러나 현재 논의하고 있는 부분과 관련하여 언급하면 최근 다이어그램적 건축이 대세를 이루고 있는 건축가군의 사유와 태도에 인큐베이터 역할을 했으며 실제로 그들 중 상당수의 건축가들이 렘 콜하스의 사무소의 경험을 했다는 점이다. 그만큼 그의 건축은 다이어그램을 활발하게 사용하고 발전시킨 측면이 있다.
렘 콜하스는 작품만큼이나 인생 자체가 복합체와 같은 삶이었다. 그는 현대 건축이 포함하고 있는 여러 가지 자양분을 충분히 소화하여 복합적으로 담아내고 있다. 콜하스의 할아버지는 건축가였으며 아버지는 작가였다. 가족의 성향을 이어받은 콜하스는 작가이면서 건축가라는 두 직업 모두를 잘 융합시켜 활동했다. 그는 1952년 인도네시아에 이주하여 이주자로서의 다양한 상황을 경험했다. 이러한 배경과 함께 그는 전 세계를 계속해서 돌아다니면서(유목하면서) 작품 활동 및 강연을 펼치기 때문에 사무소 직원들과 매일 아침 팩스로 소통을 해왔다. 팩스라는 매체 자체가 A4 용지 한두 장의 지면에 진행되는 사항을 정확하게 전달해야 하는 시스템이므로, 그와의 건축적 소통은 매우 간결하고 정보가 함축된 정확한 건축언어와 다이어그램이 쓰일 수밖에 없다. 그래서 그의 건축을 FAX architecture라고 부르기도 한다. 그것은 그의 건축이 간략하게 압축된 정보와 많은 사람들의 도구화가 진행되며 피드백되는 다이어그램을 즐겨 사용하는 이유이기도 하다.

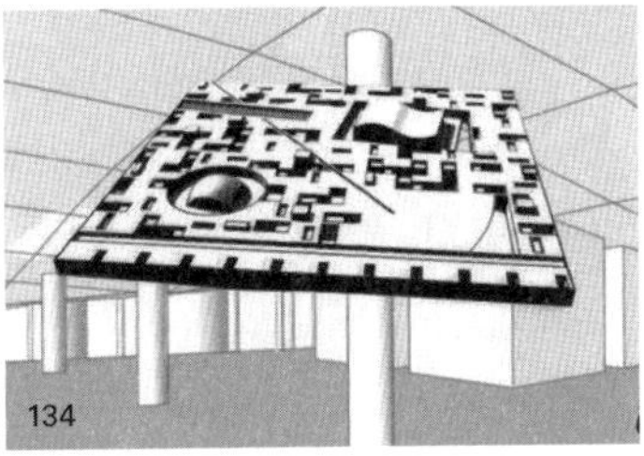

콜하스의 건축은 비결정, 미확정의 상태로 전체를 파악한다. 그의 건축은 도시의 불확정성과 혼돈을 수용하면서도 그 안에서 질서와 정확한 건축적 작동의 논리를 찾고자 한다. 건축 내부에서는 주변의 복잡하고 혼동의 콘텍스트가 주는 각각의 다양성을 인정하면서 통합되게 만들며 모든 가능성(프로그램)을 열어두는 공간 구성을 추구한다. 그의 건축의 요소적 특징은 Bigness, 비어있음, 유연한 공간, 탈영역화 등으로 공간의 잠재성이 풍부해지고 있으며 단절되고 파편화될 수 있는 공간은 보이드로 통합된다. 그는 도시를 하나의 조직이라기보다는 서로 공존하는 것이라고 생각하고 있으며 부분이나 하나의 완결된 것이 아니라 요소들 간의 관계로 이해한다. 이 대목에서 우리는 콜하스의 사고와 들뢰즈와의 공통분모를 엿볼 수 있다. 이것은 다양한 접속과 접합을 통해서 새로운 만남과 창조적 활동을 가능하게 하는 요소가 될 수 있다.

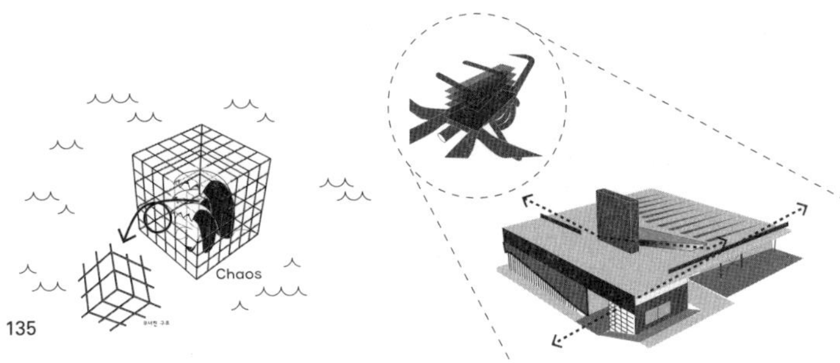


134. 혼돈의 불확정성과 통합
135. 후기구조주의의 개념과 후기구조주의적 관점의 구축물인 쿤스탈

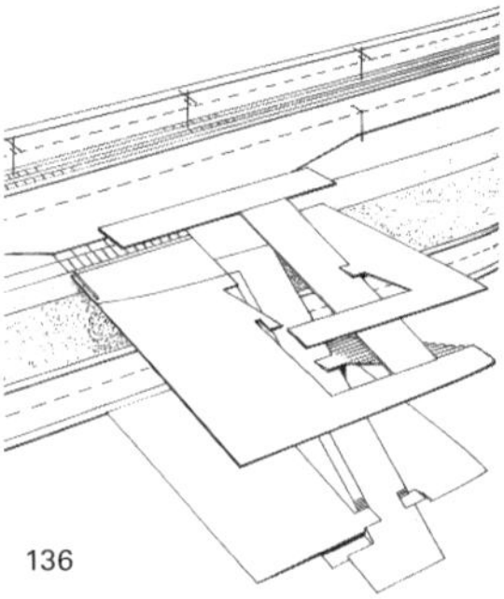
136

그의 대표작중 하나인 쿤스탈은 프로그램과 상황에 따라 열린 공간이 된다. 쿤스탈의 건축공간은 3차원 동선과 비워진 공간, 유동적 공간, 연속된 바닥면과 다양한 프로그램들 사이의 비선형적 연결을 가능하게 만들고 있다. 렘 콜하스의 쿤스탈은 모던시대의 르 꼬르뷔지에의 빌라 사보아와 같이 포스트모던의 후기자본사회의 시대정신이 잘 반영되어 있는 시대정신의 산물로 인정받고 있다. 쿤스탈은 로테르담에 소재하고 있는데 이 도시는 2차 세계대전 중 폭격을 당해 이전 도시구조가 대부분 소멸되고 전후 새로운 도시를 재건한 역사적 콘텍스트를 가지고 있다. 이러한 잠재된 콘텍스트로부터 렘은 형상화되는 재현의 논리를 수동적으로 따르지 않고 현재와 공존하는 과거를 표출하는 새로운 콘텍스트를 만들어냄으로써 충분히 잠재성을 현실화하는 건축을 새롭게 분기시킨 것으로 볼 수 있다. 세계대전을 전후로 건축이 추구했던 유토피아적 열망 속에서 다른 종류의 감성을 지닌 건축이 잠재해 있었고 지금 그 자리에 현실화된 것으로 볼 수도 있다. 외부에서 보는 쿤스탈의 도시적 건축형태는 주변의 건축물과 크게 위화감이 들지 않을 정도로 박스형태의 그리드 체계에 순응하는 외관을 지니고 있다. 그러나 그 공간의 내부를 진입하게 되면 대로에서 건축물을 사선으로 레벨을 달리하며 관통하는 슬로프와 함께 공용공간 및 전시 및 계단강의실의 다채로운 공간이 펼쳐진다. 통합적인 시간에서 다양한 공간들이 펼쳐지고 있는 모습은 다양하게 주름이 덥혀진 것이 펼쳐지는 바로크적 특성을 느끼기에 충분하다. 또한 하부에 각종 통과동선들을 집적시켜 다양한 의도로 건축물을 찾는 사람들의 니즈를 만족시켜준다. 욕동의 바다 위에 떠있는 구조, 그 구조가 시기와 니즈에 따라 다양하게 쓰일 수 있는 후기구조주의적 관점의 구축물이 되고 있음을 확인할 수 있다.

136. 주변과 연계되는 동선체계 다이어그램

- 구조 이면의 욕망의 발현

콜하스는 그리드를 이용하여 이면과 사이공간에 픽션(시나리오가 있는 사건의 공간)을 만들어내는 방법을 사용한다. 콜하스는 기존의 건축어휘, 기존의 프로그램의 요소들을 적절히 배치하고 다양한 관계들과 흐름을 만들

어내며 새로운 생성을 만들어 내는데 탁월한 능력을 보이고 있다. 콜하스의 작업에서 그리드는 전체적인 시점으로 보았을 때 인지되는 매스의 조직화원리로 사용되며 도시적 콘텍스트에 순응한다. 그리드 사이공간 구조는 새로운 공간구조를 생성시킬 수 있는 무한한 형태를 촉발시키는 그리드가 삽입되며 다시 사이의 이벤트와 생성의 관계가 만들어지는 느낌을 주는 구조가 연속된다. 그의 구축방법론은 인간에게 알려진 최대의 가능성을 부여하는 매트릭스를 추구하는 듯 보인다. 즉, 그는 2차원에서 3차원으로 만들어지는 기하학적 그리드 체계의 구조물의 공간에서 사이와 이면의 다양한 욕망과 운동을 껴안으면서 변화해나가는 것을 사유하고 표현하고 있다. 예를 들어 콜하스의 쥬시우 도서관은 도시공간 전체의 구조를 내포하고 있는 소우주적인 공간을 구현하며 연속적인 순환과정의 흐름의 변화를 표현하는  복합체이다. 그것은 위계적인 배치를 거부하고 선택의 기회가 주어지며 다양한 계층의 사람들이 방문하여 다양한 동선과 프로그램이 뒤섞여 들어갈 수 있는 공간을 추구한다. 그런 가운데 그는 우연적인 다른 생성의 잠재성을 열어두는 방법론을 선택하고 있다. 들뢰즈식으로 이야기하면 열린 배치를 통해 지속적으로 생성을 만들 수 있는 열린 구조를 추구한다는 표현이다. 그는 이를 위해 건축적 자세에서도 중립적으로 긍정적인 지적 발전을 위한 담론과 건축공간을 추구한다. 이를 위해 가장 대중적이고 다양한 욕구들이 섞여 들어갈 수 있는 공항, 공업지역, 교외에 관심을 가지고 작업을 진행하고 있다.

137. 제브루지 항만터미널 계획안

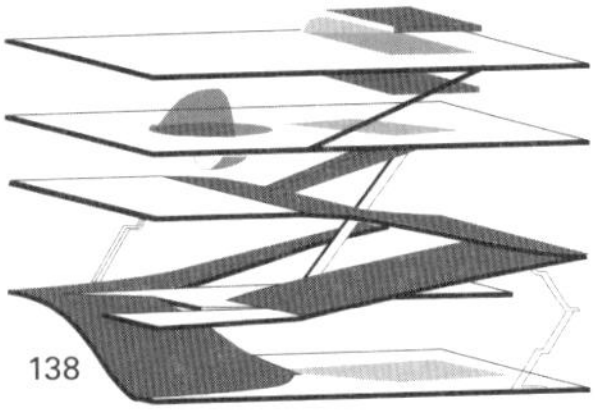

138

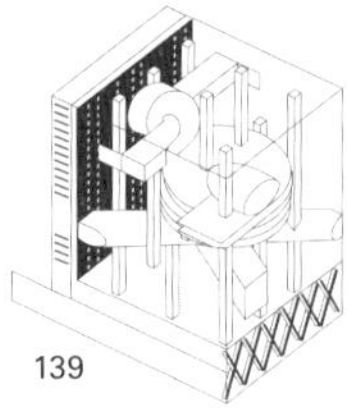

139

140

그의 건축에서는 기본적인 그리드와 함께 외부에서 보았을 때 박스 형태를 가지면서 입구로부터 상층부로 올라가면서 다양한 프로그램이 엮이면서 다채로운 이벤트가 펼쳐지는 공간이 공통적으로 발견된다.

렘 콜하스는 요소들의 배치를 적절하게 조절하여 다양한 창발의 관계들이 생성될 수 있는 복합체의 공간을 추구한다. 그의 기념비적인 저서인 S, M, L, XL는 그가 수행했던 작품들의 사이즈를 기반으로 하여 다양한 건축과 도시의 담론들을 담고 있다. 책에는 A에서부터 Z까지의 자신의 건축적 관심을 가진 대상에 대해 정의한 텍스트들과 이미지들을 담고 있다. 독자는 이 책을 어느 사이즈, 어느 정의에서부터 보아도 전혀 무방하다. 그것 자체가

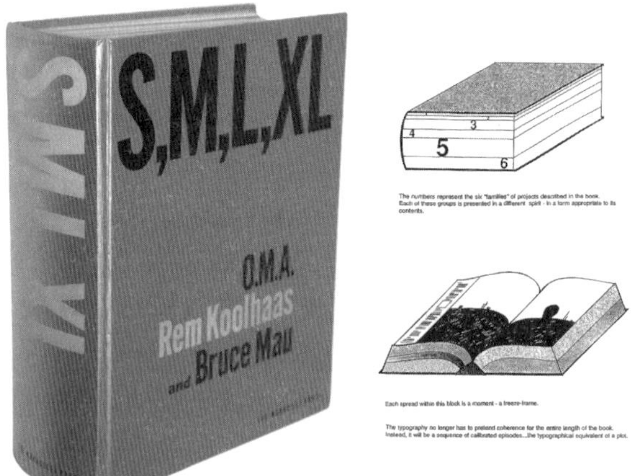


141

138. 쥬시우 도서관의 주름과 펼쳐짐의 관계
139. 파리국립도서관 계획안의 단면
140. ZKM 계획안의 단면적 펼쳐짐
141. 렘 콜하스의 기념비적 저서 S,M,L,XL의 비선형, 탈중심적 네트워크 읽기

142

우리 도시의 변화하고 창발하는 요소들을 담고 있기 때문이고 비선형적인 다양한 독서를 통해 다른 이미지와 담론들을 만들어 낼 수 있다. 책 자체로 위상기하적, 비선형적 구성과 배치를 유도하고 있다. 이와 같이 그의 작품은 공간 속의 요소들이 화학적으로 변화되어 굳어져 있는 상태가 아니라 그 자체의 요소들의 배치들이 비선형적으로 연결되고 배치되면서 생성과 변화를 수용하거나 주도할 수 있는 공간을 만들고 있다는 점이 기존의 건축적 자세들과는 차이가 있었다.

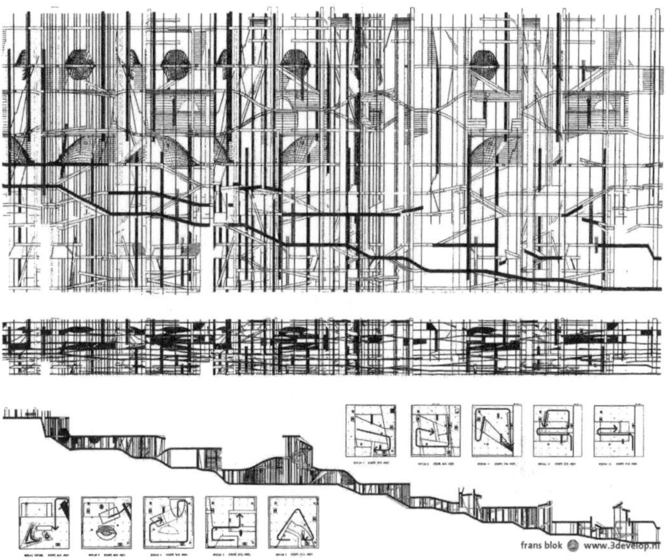


143

142. 쥬시우 도서관의 펼쳐짐의 개념모델
143. 렘 콜하스 쥬시우 도서관의 프로그램과 주름의 접힘과 펼쳐짐의 다이어그램

### – 광기의 뉴욕과 욕망의 발현

렘 콜하스의 건축은 현대건축의 문화, 정치, 기술의 제반 현대성을 잘 담고 있으며 이질적 프로그램이 잘 융합될 수 있는 거대한 용기가 될 수 있도록 계획해왔다. 앞서 언급한 바와 같이 그의 작업은 도시의 그리드 패턴에 순응하면서 동시에 도시이면의 욕망과 다양성(주변화된 것과 금기시 되는 것까지)이 편견 없이 공존할 수 있는 디자인을 추구해왔다. 다양한 것들이 섞이고 들어가고 나가는 것이 자유롭게 재편되면서 새로운 공간과 의미가 될 수 있는 열린 구조를 제시해왔다. 그의 건축에는 이질적인 프로그램이 접합되거나 비선형적으로 연계되는 연결동선이 접히거나 펼쳐지는 양상이 나타난다. 이와 함께 외부의 통일되고 경제적인 체적의 구조체로 다양성을 감싸안아 외부의 통일성속에서 내부의 주름이 펼쳐지는 양상을 보인다. 이로써 그의 건축은 욕망을 껴안고 드러내도록 유도한다는 점에서 후기구조주의적인 양상을 성공적으로 반영하고 있다고 볼 수 있다.

렘 콜하스는 자신의 건축적 개념을 러시아 아방가르드 건축에서 찾았으며 동시에 그 사유를 역설적으로 자본주의가 극도로 발전한 맨해튼의 건축, 도시역사로부터 추출한 개념과 접목하여 발전시켰다. 그것은 전체주의적 속성을 가지고 있는 러시아의 건축과 프로그램을 수용하면서 동시에 자본주의의 꽃과 같은 화려한 도시의 프로그램과 욕망을 껴안는 과정을 통해 인류의 양극의 사유와 건축양태들을 모두 포함시켜 새롭게 분기시키려는 시도를 해온 것으로 볼 수 있다.

144. 돔 코뮤나 전경, Ivan Nikolaev의 학생주거
145. 돔 코뮤나 전경

그가 주목한 구소련의 사회적 응축기social condenser는 혁명으로 새롭게 개국한 구소련에서 혁명정신에 적합한 인민들의 사회주의화를 촉진시키기 위한 건축적인 요소들이 다수 포함된 사회적 개념이었다. 구소련은 국민들을 사회주의국가에 적합한 인간상으로 개조시키고 확산시키기 위해 공동체 생활을 하는 것을 기본으로 했다. 사회주의국가를 건설하는데 작용하는 신성한 노동의 공간인 공장과 공동취사, 공동식당, 공동육아시설(탁아소), 세탁소(여성을 노동으로부터 해방시키는), 공동여가(스포츠, 운동, 수영 등), 노동자 클럽 등 거대화, 복합화된 계획들에 주목했다.

돔 코뮤나dom_kommuna의 집합주택, 복합시설들은 당시로서는 혁명정신에 걸맞은 혁신적인 계획으로, 사회적 응축기라는 개념이 가장 직접적으로 물질화, 공간화된 것이었다. 그러한 계획들은 매우 혁신적이고 유토피아적인 것이었다. 당시의 기술력과 사회적 조건 등을 생각해보았을 때 그러한 계획은 너무나 급진적이어서 다소 비현실적으로 보이고 초현실주의적으로까지 보였으며 선동을 위해 사용되었다. 이러한 계획들은 렘 콜하스에게 인간의 욕망을 실현시켜줄 수 있는 자본주의적 복합체로 변주하는데 도움을 주는 역사적 선례였다.

렘 콜하스가 분석한 바와 같이 다운타운 운동클럽으로 대표되는 뉴욕의 건축적 특성과 프로그램의 특성은 욕망과 배치의 변주를 통해 렘 콜하스의 복

146. 러시아 아방가르드 V.Popov의 복합화된 대형프로젝트 계획안 "New City", 1928

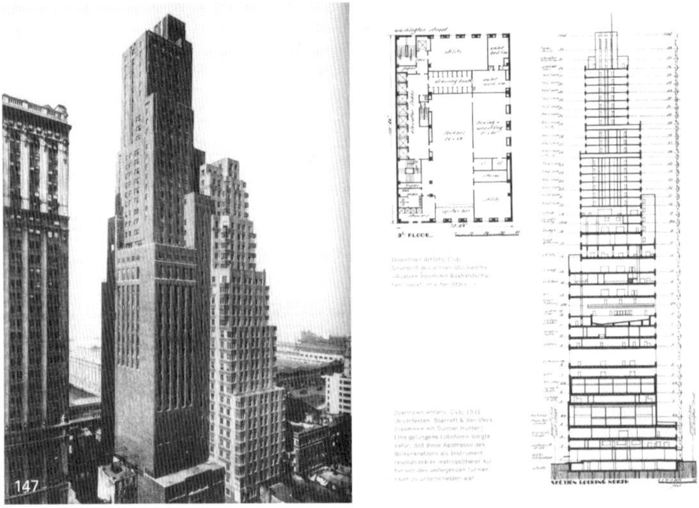

합체, 다양체를 만드는 데 있어서 핵심적인 사례이다. 그리드 패턴가운데 초고층의 구조로 가장 높이 오르고자 하는 인간의 욕망을 성취하기 위한 기술(엘리베이터, 구조기술, 설비기술)을 획득한 인류는 좀 더 풍부한 내적 다양성을 획득하고자 하는 욕망을 꿈꾼다. 가장 경제적으로 구축할 수 있는 최대면적의 최소 체적을 가능하게 하는 고층건물의 프로토타입을 확정하게 되면 프로토타입은 무한정 확장되게 된다. 확장된 동일공간은 시나리오

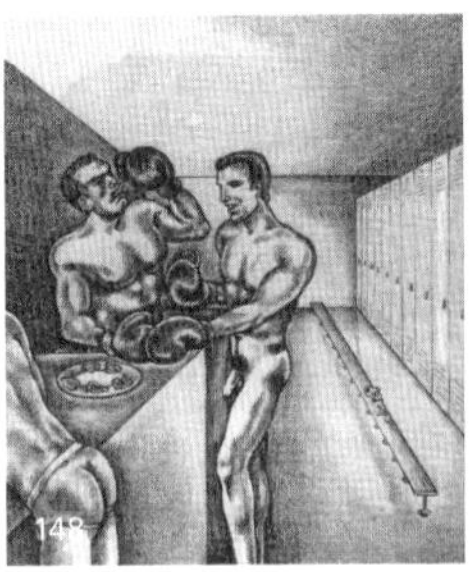

에 따른 프로그램의 수직적 배치를 통해서 욕망을 성취할 수 있는 프로그램의 배치에 따른 기관 없는 신체와 분기를 이룰 수 있는 건축적 사례가 되었다.

콜하스는 1960년대 중반 상업영화를 기획했지만 결국 예술영화로 남은 White Slave나 1,2,3 Rapsodie와 같은 영화 제작에 참여했다. 그는

147. 다운타운 운동클럽의 단면과 프로그램의 복합체
148. 초현실주의적 시나리오를 보이는 다운타운 운동클럽 시나리오

영화적 상황이나 건축이나 별반 다르지 않다고 생각했다. 그러한 생각이 그를 AA School에서 수학하게 만든 이유가 되었다.

그는 그곳에서 졸업 작품으로 자발적 수감자Voluntary Prisioner를 제시했는데 그는 그것을 도시를 혐오하면서도 동시에 도시의 다양한 욕망과 화려함 때문에 자발적으로 도시의 좁은 공간 안에 갇히고자 하는 이율배반적인 인간의 특성과 그에 따른 도시적 특성에 대해 고찰하고 그것을 하나의 시나리오로 만들어 도시 공간적, 건축적 계획안을 선보였다.

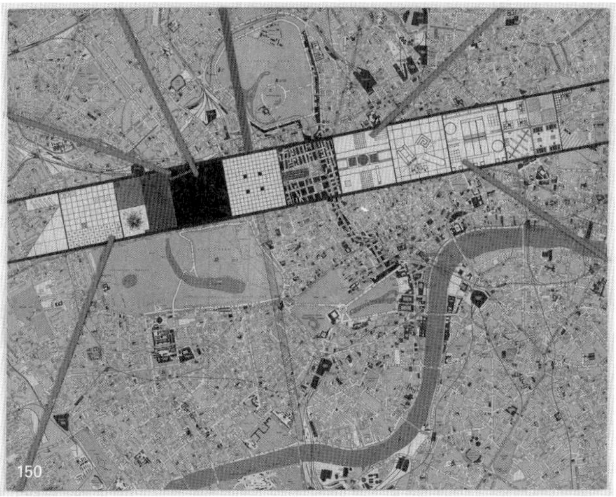

149. 자발적 수감자의 이미지
150. 엑소더스exodus 그리드 패턴, 1972

엑소더스 그리드 패턴(1972)에서 콜하스는 런던이라는 도시가 선과 악의 두 가지 요소로 이분되는 것을 가정했다. 이후, 그는 사람들이 악에서 선으로 진입하기 위해 대탈출을 할 것이라 가정하고 거대한 벽을 세운 상황을 설정했다. 인구가 폭발적으로 유입될 것을 막기 위한 벽을 세워 통제하지만 그 벽 속의 영역으로 들어오고자 하는 '자발적 수감자'들이 몰리게 되고 그들을 선별해 수용하기 위한 다양한 프로그램이 공간상에 배치되게 된다. 거기에는 그들을 맞이하는 리셉션 영역에서부터 교육을 거쳐 다양한 프로그램의 영역을 지나게 되는 일련의 시나리오들이 존재한다. 이러한 배치는 마치 코니아일랜드의 다양한 탈것들과 오락요소들이 병치되며 프로그램의 혼합을 이루어내는 과정과 유사하다. 이것은 넉넉한 공간과 전원생활을 즐길 수 있는 교외 혹은 시골에서의 생활을 버리고 닭장이나 교도소와 같은 좁은 공간에 기를 쓰고 진입하여 생활하고자 하는 대도시의 현대인을 상징적으로 표현하며 그에 맞는 초현실주의적 건축표현과 프로그램을 제시한 것이었다.

그의 첫 저서『광기의 뉴욕』의 겉표지를 보면 고층빌딩이 이불을 풀어헤친 채 잠들어 있고 탁자에는 뉴욕의 상징인 자유의 여신상의 횃불을 든 손이 배치되어 있으며 창밖의 많은 다른 건물(사람의 얼굴을 한)들이 그 안을 들여다보고 있는 듯한 초현실주의적인 심리적 그림을 발견할 수 있다. 그림은 렘 콜하스의 부인 마들롱 브리장도르 Madelon Vriesendorp가 그렸다. 표지에서 초현실주의적 분위기를 느낄 수 있는 것과 같이, 콜하스는 화려한 자본주의의 도시 뉴욕은 다양한 욕망들이 발현되며 현실화된 도시로 보았으며 계속해서 다양한 건축적 프로그램과 복합화된 다양체에 의해 욕망의 발현이 끊임없이 분기되며 실험된 도시로 연구대상이 되었다.

151. 콜하스 최초의 기념비적 저서 정신착란증의 뉴욕 표지

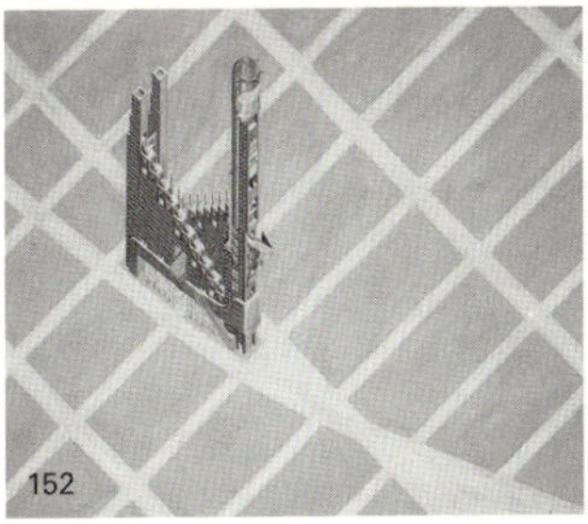

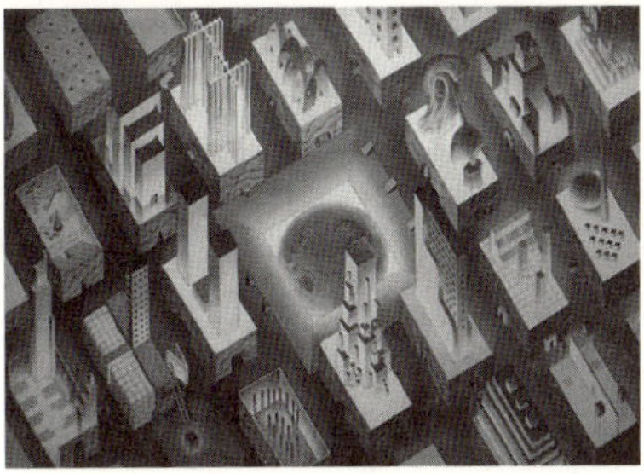

렘 콜하스의 유폐된 지구도시(1972)는 그리드로 구성되어 있는 뉴욕시의 패턴과 필지 내에 인류의 각종 실험적 건축물과 욕망의 요소들이 다양하게 배치되어 발현하고 있는 장면을 보여주고 있다. 이것은 마치 후기구조주의를 설명하는 다이어그램과 같이 그리드 체계 하부에 존재하는 카오스의 욕동이 그리드 체계를 뚫고 올라와 발현해 있는 듯한 모습이다.

그가 계획한 스핑크스 호텔(1975)은 명백하게 이성의 시기에 계획된 록펠러 센터의 형태적인 변주이며 그리드 체계를 넘어서는 표현과 프로그램이 배치되어 있다. 우선 스핑크스 호텔의 상부는 마치 남성의 성기를 연상하게 만드는 초현실주의적인 형태를 띠고 있으며 하부에서는 에스컬레이터로 중상층으로 자연스럽게 유입되어 프로그램을 경험할 수 있도록 도상화되어 있다. 또한 스핑크스 호텔의 상부층의 프로그램의 도해는 마치 엑소더스나 코니아일랜드의 다양한 프로그램이 수직적으로 병치된 것과 같은 느낌이 든다. 또 그 계획안은 다운타운 운동클럽의 초현실적 요소들이 차용되어 프로그램의 시퀀스가 욕망을 구현하고 만족시킬 수 있는 환상적 조합으로 이루어져 있다. 그는 뉴욕 최고의 빌딩인 록펠러 빌딩의 외형적 변주와 프로그램의 변주, 욕망의 발현을 드러낼 수 있는 초현실주의적 표현으로 마치 재즈의 변주improvision의 즐거움과 쾌락을 경험할 수 있다. 스핑크스 호텔의 공중바는 마치 현실세계가 아닌 것 같은 무중력상태에서 유영하는 듯한 이미지를 선보이고 있다.

152. 스핑크스 호텔과 유폐된 지구의 그리드 패턴속의 이미지

이 시기의 웰페어 아일랜드 계획과 웰페어 팰리스 호텔의 경우에도 무의식과 관련된 욕망이 발현되는 프로그램과 시퀀스가 존재하는 계획을 통해 그리드체계와 수직적 프로토타입의 단순성을 초월하는 후기구조주의적 사유를 건축적으로 실험하게 된다.

앞서 1권에서 언급한 바와 같이 렘 콜하스는 자하 하디드와 마찬가지로 러시아 구성주의자들의 이미지 특히 건축이미지에 관심을 가지고 있었으며 실제 러시아를 방문하여 그들의 작업을 살펴보기도 했다. 그들이 추구했던 유토피아적 감성과 대규모 건축물의 이미지는 그의 건축에서 Bigness라는 개념과 현실건축과 유토피아적인 감수성이 적절하게 조화를 이루면서 물질화되고 있다. 특히 렘 콜하스는 러시아 구성주의자 이반 레오니도프의 이미지에 많은 영향을 받았다.

153. 스핑크스호텔 단면 프로그램 도해
154. 상부층의 초현실주의적인 프로그램의 장면

렘 콜하스의 건축에서의 동선은 기능적인 동선, 최단동선이 배제되고 정해진 프로그램과 그에 따른 동선도 배제한다. 여러가지 수단의 수직적 이동을 수행하기 위해 램프와 계단, 에스컬레이터, 무빙워크, 엘리베이터, 경사 슬래브, 확장된 캐스케이드 등이 불규칙하게 배치되면서 상호 병치된 프로그램을 연결한다. 각 프로그램은 이질적인 프로그램이 상호 동선에 의해 연계되면서 새로운 접합의 관계로 재설정된다. 그 가운데 새로운 잠재성이 현실화될 수 있게 된다. 그것은 마치 보들레르의 무목적적 배회자flaneur의 흐름과 같다. 그것은 집합적 꿈과 쾌락이 충족될 수 있는 방식으로 배치된 것이다.

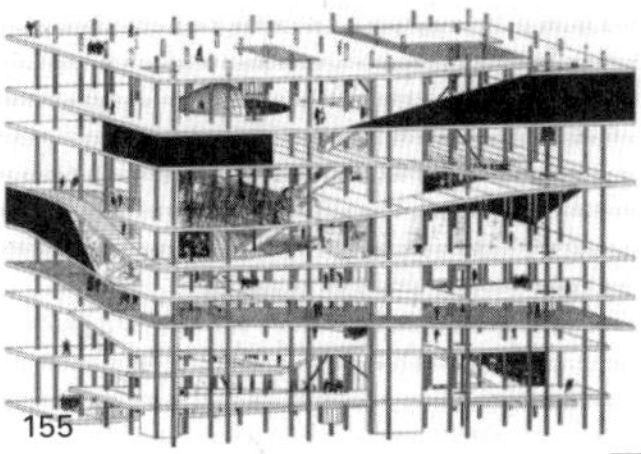
155

사회적 개조를 위한 사회적 이상과 유토피아적인 가능성 그리고 쾌락과 관련된 이질적인 프로그램이 공존하는 것이 렘 콜하스 건축을 전체적으로 관통하는 흐름이라고 볼 수 있다. 특히 전체적인 형태 자체는 도시의 외적 그리드 체계에 순응하면서 내부에서는 그리드 체계를 벗어나거나 왜곡하는 공간이 펼쳐진다. 이것은 들뢰즈가 언급한 바로크적으로 통합시키면서 다양한 요소들이 숨어 있다가 펼쳐지는 주름으로 달리 언급될 수 있을 것이다. 르 꼬르뷔지에가 뉴욕의 마천루의 발현 형태에 대해서 비판적인 시각을 가지고 있었던 것과는 달리 렘 콜하스는 뉴욕의 마천루의 생성의 방식과 자유로운 발현을 자연스러운 욕망의 발현으로 긍정했다.

렘 콜하스는 거대한 단일 건물에 대한 환상을 실현해 내는데 있어서 바벨탑의 내부와 같은 피라네지의 동굴Carceri 연작의 이미지들과 뉴욕 코니아일랜드 글로브 타워의 역사적 선례에서 찾았다. 그것은 8개의 철골구조물로 지지되는 거대한 구체의 건물이었다. 지하영역에는 다양한 노선의 지하철 노선이 환승되며 연결되며 5000명이 동시에 프로그램들을 즐길 수 있도록 다양한 위락시설이 배치되었다.

155. 쥬시우 도서관 단면 프로그램

프로그램에는 공중의 구부분에 옥상정원, 식당, 보디빌 극장, 롤러스케이트장, 볼링장, 슬롯머신의 도박장(150피트 높이)이 있으며 5000석 수용규모의 4개의 서커스장, 서커스링(250피트 높이)과 메인 홀과 대형 볼룸, 유리로 된 회전식당과 호텔 룸(300피트 높이), 종려나무 정원, 작은 인공폭포, 식물원(350피트 높이), 전망대, 기념품판매장(500피트)등이 배치된다. 수없이 많은 프로그램들이 이질적으로 수직 배치되는 이 계획은 사기극으로 끝나면서 실제 지어지는 데는 실패했다. 그러나 이 계획은 렘 콜하스에게 수직적 거대 복합체로서의 확실한 건축적 사례가 되었다. 오늘날 거대한 볼륨의 계획은 예외 없이 다양한 교차동선과 하부교통동선이 연결되며 이질적인 프로그램들이 병치되며 시나리오적으로 프로그램의 접합과 의미생산이 가능하도록 계획되고 있다.

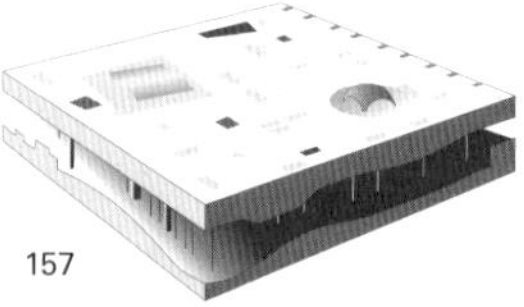

다양한 프로그램들의 이질적 병치와 연속적 흐름의 슬래브 등, 전체적인 구조는 도시적 구조에 순응하고 있다. 그러나 프로그램과 내부적 표현 및 구조는 바로크 건축과 유사하게 전체적 시점에서 많은 요소들이 펼쳐져 나가는 느낌을 충분히 받을 수 있도록 다양한 요소들의 관계를 맺어나갈 수 있는 구조로 계획되어 있다. 그러한 전통은 렘 콜하스의 거대한 건축에서 지속적으로 실행되고 있다.

156. 글로브 타워 계획안
157. 아가디르 호텔계획안과 프랙탈적 자기질서 생성

제브뤼게 해양 터미널 계획(1989)과 파리 국립도서관 계획, 쥐시에 도서관 계획, 그리고 ZKM계획 등에서 그의 프로그램과 동선 등은 다양한 벡터들이 상호 작용에 의해 새로운 '~되기'의 요소들로 작용하면서 프로그램의 접합과 변형이 이루어지게 된다.

158

리좀의 비위계적이고 무작위적이며 비규칙적인 그물망 속에서 다양한 프로그램과 연계되는 모습은 교통, 물류, 정보, 문화 등의 다종다양한 요소들이 섞여 들어가며 요소들이 상호작용하는 것의 은유이다. 특히 쥬시에 도서관의 경우, 각 층이 위계적으로 존재하는 전통적인 층 구분의 건물로는 해석이 불가능한 계속적으로 층이 연결되는 3차원적인 네트워크의 단면적 연계를 이루고 있다. ZKM과 칼스루에 예술 미디어 기술센터의 경우, 하부에서 철도와 연계되고 스튜디오, 실험실, 극장, 현대미술관, 미디어 박물관, 도서관, 공연장의 복합적인 프로그램이 병치되어 있다.

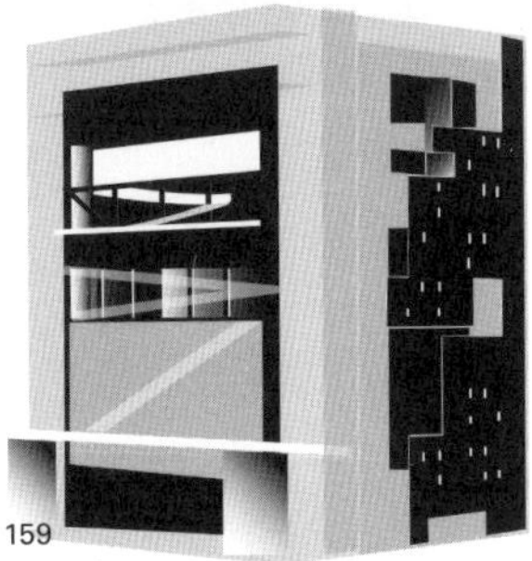
159

렘 콜하스 라빌레트 공원 프로젝트는 '질료 없는 밀집'의 개념을 보여주고 있다. 이 프로젝트에서 콜하스는 이질적 프로그램으로 이루어져 있는 평행적 띠strip들의 사이가 충돌하도록 배치함으로써 각 프로그램들이 예상치 못한 다른 사건이 생성되도록 유도했다. 그는 이 계획에서 이질적인 프로그램의 접합을 유도함으로써 프로그램적 비결정성을 제안했으며 잠재적 차원의 새로운 움직임과 의미를 생성하도록 유도하는 작업을 제시했다.

158. 단면적 흐름과 프로그램의 상호교차
159. ZKM 계획안의 단면적 펼쳐짐

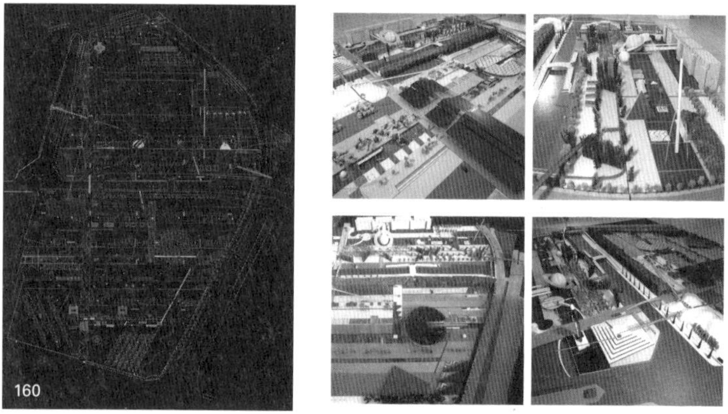

콜하스의 건축은 대부분의 계획이 욕망이 극대화되고 드러나는 가운데 그것이 구축되고 순환되고 홈 패이고 매끄러운 이행의 과정을 통해서 새로운 것으로 분기되는 과정을 그대로 수용한다. 그렇지만 그는 어떠한 뚜렷한 방향성보다는 계속되는 이행과 움직임, 순환 등에 관심을 기울였다. 쇼핑에 대해서 연구하고 상업적 이슈를 모두 수용했다. 이처럼 복합화, 다양체를 만들려고 하는 시도는 이러한 사유가 공간적으로 물질화된 것으로 볼 수 있다.

따라서 그들의 건축에는 욕망이 극대화된 것이 그대로 드러난다. 렘의 문장과 구호는 'More is More'이다. 그는 현대건축의 복합화양상, 신자유주의적 양상, 자본의 무질서한 집적양상을 긍정하지도 부정하지도 않고 그대로 인정한 상태에서 최대한의 가능성을 모두 수용하는 건축을 추구했다. 그것은 신자유주의적 질서를 그대로 수용하고 있는 건축적 자세에 대한 상징적 문장이다.

들뢰즈와 관련된 건축적 표현의 경향은 3차원 툴과 디지털화의 발전으로 인해 구현되는데 용이하게 사용되었다. 노마디즘과 리좀의 건축으로 대표되는 21세기 들어서서 활발하게 나타나기 시작했던 사유의 중심에는 들뢰즈의 생성의 사유가 자리 잡고 있었다.

160. 렘 콜하스의 라 빌레트 계획안과 모형

잠재성과 기계의 사유는 운동과 변화를 수용하거나 설명할 수 있는 들뢰즈 사유의 핵심이다. 그것은 추상기계, 절단기계, 접속기계 등의 전쟁기계 등의 욕망으로 흐르면서 무언가로 되는것, 잠재성의 현실화되는 욕동(변화) 과정의 개념을 사유하는 것이었다. 그러한 과정은 라이프니츠가 언급한 '주름'의 '펼쳐짐과 접힘'의 개념으로 달리 표현할 수 있으며 그것은 세상만물의 생사 변화과정 특히 자본의 집적과정과 유사하다. 그것이 들뢰즈의 사유가 후기자본주의 사회의 철학이라고 불리는 이유이기도 하다. 들뢰즈의 개념 중 공간과 직접적 관련이 있는 홈 패인 것과 매끄러운 것의 차이화와 분기 그리고 그것의 상호 이행과정의 강조는 접힘과 펼쳐짐의 이행관계로 설명이 또한 가능하다. 살펴본 바와 같이 건축분야에서 들뢰즈 담론을 물질적으로 가장 잘 설명하고 반영하는 부분은 다이어그램의 개념과 쓰임새였다. 다이어그램의 도구적 사용과 함께 구조주의 이후 매스적인 실험이 주가 되었던 이유는 바로 요소들의 상호관계와 배치의 변화를 통한 변화 및 생성을 가능하게 할 수 있는 효과적인 방법론이 되었기 때문이다. 다이어그램은 힘의 역학관계와 욕망의 흐름을 적절히 수용하고 배치할 수 있게 만드는 매체적 속성이 있기 때문이다.

생성의 철학과 연계된 건축적 경향은 노마디즘과 리좀적 표현특성의 건축, 뫼비우스, 클라인 병으로 대표되는 순환과 과정을 중시하는 건축, 다중심과 다양한 흐름과 지형 및 외적변수를 수용하는 랜드스케이프 건축계열, 다이어그램을 적극적인 디자인 방법론의 툴로 사용하는 건축경향이 있으며, 이에 대해 살펴보았다. 벤 반 버클의 다이어그램을 사용한 건축, FOA의 랜드스케이프적 건축경향은 모두가 이러한 새로운 방법론을 적극적으로 수용한 결과였다. 다른 측면으로 생각하면, 후기자본사회에 적합한 변화이기도 했다. 렘 콜하스의 건축은 이러한 건축가들의 실험의 모태가 되고 인큐베이터가 되었던 건축방법론을 적극적으로 실험했다. 복합체와 중립성, 다양한 배치를 껴안을 수 있는 시대적 상징적 구조와 프로그램의 배치를 통해 이론과 실무가 조화를 이루는 시대성을 잘 수용한 건축, 그러면서도 저항의 감성을 충분히 지니고 있는 건축을 추구함으로써 건축의 지평을 넓힌 공로가 있다.

PART2에서 살펴본 바와 같이 생성의 철학에 영향을 받은 건축가들의 사유와 작품들은 다양한 요소들이 섞이고 결합되며 만들어내는 변화, 움직임, 순환의 방법론이 쓰이고 있으며 그것의 결과물로 다원적인 복합체가 생성되는 공통점이 있었다. 그 결과물들은 자연스럽게 인간의 심리와 욕망이 포함되어 녹아들어가고 동시에 효율성을 중시하는 네트워크 조직화와 프로그램의 혼성화가 진행된다. 살펴본 건축가들은 욕망의 드러남과 안정화를 통해 새로운 잠재성의 현실화가 원활하게 이루어지는 새로운 건축적 방법론을 실험했다. 그것은 선악의 판단을 배제한 가운데 최대한의 다양성을 품으며 요소들의 잠재성을 극대화하며 현실화시키고 분기되는 계획을 추구했고 새로운 건축흐름을 창조해냈다. 이러한 흐름은 계속적으로 진화하며 후기 자본주의 시대, 신자유주의 시대에 적합한 건축표현과 공간으로 사용되고 있다.

# 시사점과
# PART 3
# 건축적용 가능성

# 생각해보아야 할 점

- 들뢰즈와 데리다의 사이(틈새) 공간과 생성의 공간은 어떤 차이가 있는가?
- 생성과 잠재성이 현실화되는 과정과 건축은 어떻게 연계되는가?
- 유목적 사유의 자유로운 표현의 공간은 유형으로 정착될 수 있으며 자본의 대안인가?
- 들뢰즈의 사유가 왜 건축/도시 및 재현분야의 학문에서 주목을 받았는가?
- 렘 콜하스의 작품과 생성의 철학은 어떠한 관계가 있는가?
- 홈 패인 것과 매끄러운 것의 차이와 도시에 대한 시사점은 무엇인가?
- 무정부적 사이버 문화의 논의와 통제성은 시장의 반전체주의와 어떤 관련을 맺고 있는가?

등이다.
이후의 질문은 스스로 적어보고 사유하도록 해보자.

## 7024 사이(틈새)의 철학과 공간 및 생성의 철학과 공간은 어떤 차이가 있는가?

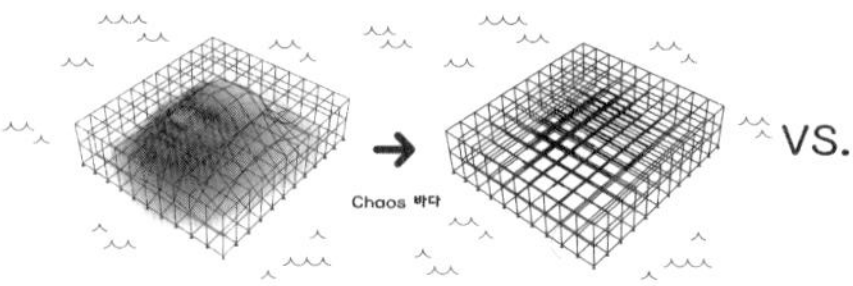


161

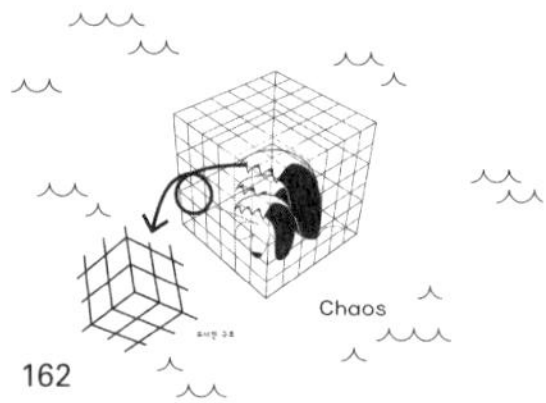


162

우리는 해체주의 담론에서 사이의 왕복과 드러남에 대해 데리다의 담론과 들뢰즈가 이야기하는 생성에 대한 사유를 모두 살펴보았다. '사이(틈)'에 주목하고 있지만 이들이 사용하고 있는 방식은 미묘하면서도 매우 커다란 차이가 있다. 데리다는 '사이'에 주목함으로써 여백 속에서 표현하지 못했던

161. 해체주의 철학의 드러남과 욕망의 발현
162. 해체주의 철학의 특성과 생성의 철학의 차이점

사유를 드러내고 해체하여 새로운 의미의 '산포'를 가능하게 하는 점에 주목한다. 해체주의는 기존의 여백의 허구와 문제점을 드러내서 기존의 것으로는 드러낼 수 없었던 것을 드러낼 수 있는 구조의 사이공간을 주목한다. 해체주의는 기존의 이분법적 사유체계와 세계에서 볼 수 없고 말할 수 없는 것들을 드러내게 해서 완전하게 해주는 것의 필요성에 주목하고 있다.
반면, 들뢰즈는 차이가 이루어지는 사이의 공간(이면의 공간)은 각 요소들이 접속되면서 새로운 것이 분기되는 '잠재성의 장소'가 된다. 들뢰즈는 외부의 어떤 선을 접붙이고 접속시키고 배치를 변화시키면서 외부성과 탈주, 탈영토화 시키고 잠재성을 극대화하여 새로운 분기를 이루어내는데 관심을 주목한다.
전통적으로 건축은 항상 안정성이나 기초를 부여하는 장소 내지는 사물(공간화된 물질)로 여겨져 왔다. 그러나 오늘날 건축은 이와 같은 개념을 포함하는 동시에 운동과 변화가 창조되는 공간이다. 건축이란 거기서 생기는(장소를 갖는) 운동이나 '사건'에 의해 정의되기도 한다. 따라서 건축은 바로 다양한 생성의 모임(복합체)이며 다양한 외부의 집합이 되어야 하며 일정부분 그것을 예견하고 다양한 접합과 접속과 사건이 일어날 수 있는 장소로 거듭날 수 있도록 해야 한다. 사건이 자유롭게 일어날 수 있는 건축이야말로 진정한 다양체를 위한 공간이 될 것이고 그것이 현대의 동시대성을 잘 담는 공간이 될 수 있을 것이다. '생성의 공간'은 계속적인 차이, 펼쳐짐의 공간이 계속되며 새로운 것이 분기되어 나가는 공간을 의미한다. 그 공간은 계속해서 새로운 의미의 공간으로 거듭날 수 있는 잠재성을 품은 구조의 공간이 되어야 할 것이다.
오늘날 아방가르드적인 운동은 다양체를 위한 공간이 되었으며 '저항의 장소'가 되어 통일된 무언가나 집합적인 규범을 해체하고자 저항하는 게릴라로서의 활동이다. 그러나 이들은 계속해서 새로운 저항의 장소로 움직여야 한다. 고정되어 있으면 이내 홈 패인 것, 홈 패인 공간들이 자본의 속성을 가지고 빠르게 재영토화를 이루려고 치고 들어오기 때문이다. 그것은 마치 계속적으로 스미스 요원이 동일화시키려 하거나 포섭하고자 하는 원리와 유사하다. 후기자본주의 사회는 그와 같은 집합 각종 여러 가지 충돌이 창출되는 장을 마련해줄 수 있는 능력을 가진 건축가를 요구한다. 건축가로서의 미덕은 시대적 니즈를 통합시키고 최대한 포함시키며 다양성을 지닌 복합체를 추구하는 것이 될 것이다. 자연스럽게 신체의 감각 면에서는 '지속'의 개념과 해체주의 츄미의 영화적 시퀀스와 경험과 심리적인 요소들까지도 포함하는 것이 또 다른 도전과제가 될 것이다. 동시대가 요구하는 '생성'은 이성과 욕망 그리고 감각적 차원까지 통합적으로 포함하는 디자인을 원하게 될 것이다. 자본의 특성상 순환주기가 빨라지며 트렌드가 빠르게 변화하는 가운데 변화에 능동적으로 대처하고 많은 것들이 관계를 맺으며 촉발하면서 이면의 욕망과 감각까지 포함시키는 다차원의 능력을 요구하게 될 것이기 때문이다.

### 7025 잠재성이 현실화되는 과정과 생성의 건축은 어떻게 연계되는가?

정신의학자 이시형은 창조의 전 과정과 무의식의 단계를 다음과 같이 10가지 단계로 나누어 설명하고 있다. 그것은 잠재성이 현실화되면서 분기를 이루어나가며 차이의 효과가 발생하고 사건이 발생하는 것, 창조의 일반적인 특성을 정신분석적으로 언급한 것으로 생성의 철학과 연계하여 눈여겨볼 만하다.

그는 의식과 잠재의식이 함께 사용되는 창조의 전 과정은 발문기→준비기→발산적 사고→잠복기→수속적 사고→계시기→검증기→실행기→시련기→성공기[36] 등으로 구분하고 있다. 이것은 들뢰즈의 잠재태와 현실태의 순환과정이나 주름으로 대표되는 잠재태와 현실화의 순환과정을 상징하는 이론 및 담론들과 매우 유사하다. 이것은 후기구조주의의 심리적 요소, 욕망과 관련된 요소들이 구조 위에 의식위에 어떻게 구체화되면서 드러나고 욕

36) 이시형, 공부하는 독종이 살아남는다, 중앙북스, 2009, p127

동과 힘을 얻게 되어 추진력을 얻어 현실화되는지에 대한 단초를 정확하게 보여주고 있다. 잠재되어 있는 상태에서 다시 잠재적인 것으로 가는 것 역시 이러한 단계를 밟게 된다.

**1단계–발문기**發問期는 의문이나, 불만, 문제의식이 생기는 시기, 모든 창조는 여기에서 시작된다. 발문은 주인의식이 있어야 생긴다. 예를 들어 어떤 기업가가 이 회사는 이 사회는 내가 책임진다는 확고한 당사자 의식이 있어야 비로소 의문이 발동하고 문제가 보인다.(이데올로기 시대의 추진동력으로 생각이 가능, 의견)

**2단계–준비기**準備期는 문제를 해결하기 위해 자료 수집등 준비를 하는 시기. 자문도 구하고 서적도 뒤적이는 등 많은 공부를 넓고 깊게 해야 한다.

**3단계–발산적 사고**(發散的 思考, Diverge)는 자나 깨나 그 생각에 몰두하는 시기. 준비된 자료와 함께 내 지식을 총동원해 여러 가지 가능성을 다 열어 놓고 검토, 조합한다.

**4단계–잠복기**潛伏期는 모든 지식이 잠재의식의 용광로 속에서 녹아 절로 발효되는 시간. 발산적 사고 단계에서 더 이상 의식적 노력으로 해결이 안 되면 얼마간의 숙성, 부란하는 시간이 필요하다. 지금부터는 의식적 작업에서 잠재의식(무의식)으로 들어간다.

**5단계–수속적 사고**(收束的 思考, Converge)는 잠재의식 속에서 여러 가지 지식, 정보 등을 조합해 해결성 조합으로 수속되어가는 과정. 단 이 단계에서 너무 의식하면 오히려 자유로운 창조성을 억압할 수 있다. 용광로 속엔 내 것보다 남의 것이 더 많아 비록 새로운 해결책이 나온다 해도 그건 엄밀한 의미에서 창조적 표절이다.

**6단계–계시기**(啓示期, Flash)는 무의식에서 다시 의식계로 되는 순간. 우연을 계기로 섬광이 터지듯 좋은 아이디어, 발상이 솟구쳐 오른다. 아! 물 밑에 잠긴 고기가 한순가 물 위로 뛰어오른다. 이런 행운은 가끔 그 문제로부터 떨

어져 있을 때 찾아온다.(분기)

**7단계-검증기**檢證期는 다시 깊은 논리적 사색을 필요로 하는 의식적 단계. 일단 떠오른 아이디어가 시의적절한지 타당성과 경제성 등 적정성을 따져봐야 한다.(실행, 이행)

**8단계-실행기**實行期는 협력자. 스폰서를 구하고 구체적으로 실천에 옮기는 단계. 이 단계에서는 원만한 인간관계를 비롯한 높은 이큐EQ가 필요하다.

**9단계-시련기**試鍊期는 많은 시행착오와 실패를 각오해야 하는 시련의 시기이다. 이시기는 남다른 열정과 인내, 그리고 고독력이 필요하다.

**10단계-성공기**成功期는 실패에도 좌절하지 않고 다시 도전 또 도전해서 끝내 성공으로 간다. 모든 창조는 이렇듯 기계적인 단계를 순차적으로 밟아 진행되는 것은 아니다. 그러나 구체적이며 실증적인 단계를 밟는 경우가 대부분이다.[37]

생성 및 사건의 사유는 현대에 있어서 중요성을 더해가고 있다. 기득권 세력은 항상 홈 패인 사회와 홈 패인 공간, 지리적 특성을 통해 통제하고 관리하려는 특성을 보이게 마련이다. 헤겔 이후의 변증법적 목적론적 사고에 적합한 보수적인 기득권의 사고는 다양하고 유연한 방법론으로 자본의 통제적 특성과 폐해를 드러낸다. 자본사회에서 헤겔적 사유를 뛰어넘기란 거의 불가능하다. 헤겔적 사유를 초월하여 외부에서 사유할 수 있는 방법론을 생각해보아야 한다. 들뢰즈의 사유는 후기 자본주의사회의 철학적 세계관을 반영하고 있지만 일면 탈주의 사고와 탈주적 공간의 사유를 통해서 좌파적 성향을 띠고 있다. 탈주적 저항적 감성을 가지고 용감하게 자본의 세계에 뛰어들어야 하며 이를 통해 변화를 이루어야 한다.

그렇다면 건축적 측면에서 생성의 건축은 어떤 방식으로 이루어져야 할 것인가? 앞서 살펴본 렘 콜하스의 실험들에서 그러한 단서를 찾을 수 있다. 생성의 철학과 연계된 건축적 공간 및 형태표현의 현시는 위상학적 탈중심적,

37) 같은 책, p127

비위계적, 비물질적, 비현실적, 유동적 특성으로 볼 수 있다. 그러나 단순히 눈길을 사로잡는 유동적, 혹은 생태적 형태에 국한된 시각적 특성은 4권에서 살펴본 바와 같이 자본 사회에서 이미지적인 소비에 국한될 가능성이 많다. 자본이 집적되고 잠재적 소비자의 유동량이 많은 지역에는 시각적 상업적 이득을 위한 비정형 디자인이 구축에 많은 비용이 들더라도 선별적으로 소비될 수 있기 때문이다. 렘 콜하스는 이미지의 몰락대신 프로그램과 공간적 요소들을 최대한 품는 구조를 선택했다. 다중심의 평면과 다양한 프로그램이 병치되듯 연동되면서 배치되어 새로운 의미를 계속적으로 창발시킬 수 있는 구조를 제시하는 것이 그러한 생성을 위한 방법론일 것이다. 외적으로는 기존 도시의 콘텍스트에 순응하고 그리드패턴을 이용한다. 동시에 바로크적 평면과 상호침투의 공용공간 및 프로그램이 다양한 요소들을 다중심의 루트로 연결하도록 하는 것과 다양한 교통 동선과 통과동선을 껴안은 것을 중시한다. 'More is More'라는 그의 구호와 같이 선과 악을 구분하지 않고 중립적인 입장에서 최대한의 많은 것들을 껴안고 그 안에서 벌어지는 행위들의 변화와 움직임을 최대한 활성화시키는 전략을 사용한다. 그것은 시작과 끝이 없고 새로운 요소들을 끊임없이 받아들이면서 새로운 의미를 만들 수 있는 다양체 복합체의 건축물일 것이다. 그러나 그러한 건축은 동시에 상업적 통제에서 벗어나기 힘든 면이 있으며 그 부분에 대해서는 6권에서 언급한 바 있다. 그것은 최대한의 자유를 허용하되 그것이 상업적 행위 및 소비의 자유만이 허용된 공간에 국한될 가능성이 있는 커뮤니티 공간이지 사회적 공간이 될 수 없음을 함께 사유한 바 있다. 또한 그것에 스마트하게 저항해야 함에 대해서도 언급하였다. 생산과 소비가 동시에 일어날 수 있는 공간, 많은 요소들이 자유롭게 섞여 들어갈 수 있는 공간구조 그러면서 상업적 의도와 통제(때로는 정치적 통제)를 적절하게 탈주할 수 있는 공간구조에 대해서 논의하고 그것에 대해서 발전시켜야 할 것이다.

## 7026 유목적 사유의 자유로운 표현의 공간은 유형으로 정착될 수 있으며 자본의 대안인가?

세기말과 세기 초를 지나 현 시기에 이르러 미래의 건축경향에 대해서 이야기하면 대략 몇 가지의 키워드들이 있다.
우선, 누구나 인정하듯이 컴퓨터 부분의 영역이 일상에 파고드는 디지털관련의 사고와 툴의 혁명적 발전에 따른 건축적 가능성을 실험하고 더욱 확대하는 흐름을 들 수 있을 것이다.
두 번째는 생태적 건축의 흐름이다. 그것은 한정된 자원 내에서 인간적인 삶을 살기 위한 당연한 조건인 생태건축, 지속가능한 건축에 대한 움직임이다. 세 번째는 기존의 전통적으로 디자인만 하는 건축가에서 '새로운 환경에 맞는 새로운 건축가 상은 어떠한 것이 될 것인가' 를  생각해 볼 필요가 있을 것이다. 이것은 역시 사회현실과 철학적인 부분과 밀접한 관련을 맺고 있다고 할 것이다. 네 번째는 약간 생소할 수 있으나, 너무나 급격하게 변화하는 세상과는 달리 정반대의 느림과 전혀 기술과 달리 아날로그적인 삶과 건축을 추구하는 경향을 들 수 있을 것이다. 이제 세기를 전후하여 펼쳐지고 있는 몇 가지 세상의 흐름을 지배해나가는 사고의 흐름과 함께 떠올려 보았을 때, 철학과 건축적 흐름은 따로 가는 것이 아니라 경계선 상에서 관련성을 논의하고 건축적 가능성을 만들어 나갈 수 있는, 그래서 더 나아가 건축적 경향이 철학적 사고에도 더 많이 상호소통하며 공명할 수 있는 영역이 생겨날 수 있을 것이다. 이 부분이 탈주의 공간이 될 수 있는 잠재력이 충만한 부분이다. 잠재성이 충만한 가운데 계속해서 접속과 분기가 활발하게 이루어지면서 사건이 자유롭게 발생할 수 있는 구조를 만들기 위해 끊임없이 탈주의 선을 타는 것이 건축가가 추구해야 할 작업의 주제가 되어야 할 것이다.
근본적으로 유목적 사유는 한 곳에 정착하지 않는 사유이다. 끊임없이 아방가르드의 길을 계속해야 한다. 만약 그것이 안주하며 사람들에게 고정적인 무언가, 지속적인 지식으로 지켜져야 할 가치로 자리 잡게 된다면 이미 그 기능을 잃어버리는 것이 된다. 그런 의미에서 유목적 행위와 표현자세는 풍토와 외적 변수들로부터 많은 영향을 받으면서 그 지역의 오랜 경험과 지식이 녹아 체험된 지식으로 굳어지고 전파되는 건축적 유형으로 정착될 수 없다고 생각할 수 있다. 그러한 표현과 흐름은 근본적으로 그러한 것과 어울리지 않는 개념이다.

파라미터 건축으로 대표되는 건축경향은 무수히 많은 변곡점으로 이루어진 물방울과 같은 액체건축, 자유로운 곡선으로 이루어진 자유로운 표현을 중심으로 한다. 이들의 건축은 세기말과 새로운 세기 초에 범용 개인 컴퓨터 기반의 급속한 환경발전과 3D 표현 툴의 획기적 발전으로 말미암아 NURBS 기반의 표현이 손쉽게 가능해지면서 나타나기 시작했다. 관성에 익숙한 기존 건축계에서 전통적 구축 방식의 데카르트적 좌표를 벗어나는 자유로운 비정형의 디지털 건축표현은 초기에 신선한 흐름으로 인정되었다. 기존의 건축구축적 방법론에서 벗어나 새로운 이미지와 새로운 공간감은 기존의 공고한 체계를 벗어나 새로운 시대상을 보여주는 유목적 행위이자 아방가르드적 행위이기에 충분했다. 그러나 초기의 신선함은 점차 이미지가 소비되고 현실에서 구축과 구조의 한계에 접하게 되면서 거품이 가라앉고 유사한 분위기의 많은 이미지들이 난립하면서 평준화되었다. 오늘날 건축학교의 많은 학생들이 NURBS기반의 디자인 툴을 사용하여 자유롭게 표현하는 것이 가능해지면서 오히려 진부하게 되어가는 측면이 강하다. 나름 참신한 디자인이라고 표현한다고 해도 결과적으로는 천편일률적으로 느껴지는 파라미터 건축을 추구하는 건축가군들 역시 자신들의 표현 논리를 만드는데 많은 시간을 할애하며 고심을 거듭한다. 표현은 상대적으로 쉬우나 개인적 감성에 기반을 두고 있는 성향으로 인해 디자인을 인정받기 위한 논리정립에 더욱 많은 시간을 들이고 있으나 대중의 관심은 점차 식고 있는 분위기이다. 파라미터 건축이라는 것이 이제는 하나의 그쪽의 트렌드로 인식되고 있을 정도이다. 그것은 초창기의 아방가르드적 위치에서 계속적인 추동력을 얻지 못하고 빠르게 이미지만을 소비해 버리는 순환주기로 편입되었기 때문일 것이다.

다소 천편일률적인 듯한 이미지에서 벗어나 계속적인 아방가르드적인 전위의 자리에서의 역할을 계속하지 않는다면 파라미터 건축은 빠르게 기존의 아방가르드의 지위를 상실하게 될 것이다. 그들이 우리가 주목해야할 부분은 사회적 관계, 구조, 이데올로기, 정치구조의 사이와 이면의 다른 차원에서 작동하는 잠재성에 대한 질문과 함께 기존체계에 순응하여 표현하고 구축하는 것에 반대하고 끊임없이 탈주하는 것이다. 그러기 위해서 질문하고 기존 구조와 권위에 맞서고 부딪쳐야한다. 그러면서 첨입하면서 파괴하던지 매끄럽게 사이공간을 타고 흐르던지 하는 화두와 방법론에 집중해야 한다.

들뢰즈가 사유하는 공간은 대안적인 측면이 있는 것도 사실이지만 이내 또 다른 의미의 자본적 요소로 홈 패이거나 길들여지는 이행적 과정을 동시에 포함한다. 이러한 형식이 파라미터 건축으로 스타일화되어 고착되기도 한다. 그렇지만 들뢰즈적 사유의 핵심을 생각했을 때 이러한 사유는 계속해서 탈주해야하고 탈영토화하면서 분기되어야 하므로 건축유형이라는 범주화된 공간으로 고착화되는 것은 들뢰즈적인 경향이라고 불리는 데에는 문제가 있을 것이다. 그것은 탈주하고자 하나 곧 자본 혹은 공권력의 공고한 체계 내로 들어 올 수 있도록 회유되고 침범되고 동일화되었기 때문일 것이다. 자본은 계속해서 첨입하며 유목적 공간을 개척하도록 놓아두지 않는다. 길들이고자 하는 것과 탈주하고자 하는 것의 순환과 변화는 우리의 마음이기도 하고, 공간이기도 하고, 사회적 흐름이기도 하고 세상만물의 변화상이기도 하다.

그러기에 유목주의는 계속적인 홈 패인 공간 혹은 위계적인 세력으로부터 벗어나고자 하는 것이며 안정화된 기존의 기득권을 벗어버리고 새로운 공간을 찾아 떠나가는 부단한 노력 혹은 투쟁의 과정이다. 이런 과정이 고정된 유형으로 굳어진다면 이미 기성 제도권에 포섭된 것이다. 건축분야에서 각론 책에 나와 있는 사례들은 이미 기성의 건축적 체계에 들어와 통용되는 것이므로 조그마한 부분이라도 그것을 벗어난 유형을 제시할 수 있도록 탈주하고 새로운 유형을 제시할 수 있는 창조적 저항이 필요하다. 이를 위해 우선 기존 '유형'에 대한 근본적인 '물음'이 필요할 것이다. 그러한 저항은 이익중심의 폐해를 만들어왔던 자본의 행태나 공권력의 길들이기를 벗어날 수 있는 방안이라고 볼 수도 있으나 다른 한편으로, 기존 시장의 공고한 체계를 깨뜨리고 새로운 니즈와 사회적 가치를 생산하는 시장개척자의 역할로 볼 수도 있다. 따라서 그것은 각각의 역할자 속에 숨어있는 다른 양상들의 발현으로 보아야 할 것이다. 마치 태극의 흐름 속에 전혀 다른 양상이 숨어서 싹트기를 기다리는 양상과 유사하다. 따라서 유목적 사유가 비록 좌파적 시각에서의 사유이지만 단순히 자본의 대안이라고 단정하는 것은 문제가 발생할 수 있다.

**7027 렘 콜하스의 작품과 생성의 철학은 어떠한 관계가 있는가?**

렘 콜하스 건축의 가장 큰 특성은 전체적인 외적 구조는 외부의 도시적 콘텍스트와 그리드체계를 대부분 수용하려는 태도를 지니고 있으나 내부에서는 바로크건축의 공간특성과 같이 마치 주름이 펼쳐지듯 다양한 요소들이 현란하게 펼쳐지거나 관계를 맺는 동선체계가 자유롭게 연결되는 모습이 펼쳐진다는 점에 있다. 그것은 마치 카오스라는 욕망의 바다위에 떠있는 구조 사이로 다양한 욕망의 요소들이 끼어들거나 혹은 일부를 파괴시키며 변화시키고 변종을 만들어내고 있다던가, 아니면 구조와 화학반응을 일으키는 등의 작용을 통해 다양체 복합체를 만드는 모습이며 렘 콜하스는 이러한 작용을 효과적으로 구현할 수 있는 형태적 공간적 전략, 전술을 구사한다.

후기구조주의는 합리성의 사유를 비판하고 힘(권력-억압, 욕망 포함)을 기본적 사유요소로 생각하고 몸(신체), 가변성, 역동성, 개체성, (우연, 시간, 불연속 개념)을 중시하며 파편적 텍스트, 텍스트의 사이를 중심으로 새로운 것을 생성하는 부분에 집중하여 사유한다. 후기구조주의는 파편적 해석의 재조합을 통해 구문의 특성을 만들며 기존의 것과는 다른 새로운 주체성을 만들어낸다. 렘 콜하스의 작업 역시 기존의 무시되었거나 수면 아래 소외되었던 욕망들이 잘 발현되고 현시될 수 있는 공간구조 및 프로그램을 중시하는 공간조합의 방법론을 통해 새로운 관계를 실험한다.

그의 작업은 초기의 뉴욕에 대한 연구와 같이 구조 이면에 흐르고 있는 인간의 욕망에 대한 탐구를 통해 구조 속에서 인간의 욕망을 포함시키면서 새로운 프로그램적인 잠재성을 발현시킬 수 있는 방법론을 잘 구성해왔다는 점에서 생성의 철학을 충실하게 구현해온 건축가라고 말할 수 있다. 그는 체적을 최소화하는 경제적 건축구조 속에서 수직적인 프로그램의 다양성을 획득하기 위한 건축적 해결방법을 적용한다. 또 콜하스는 인간의 원초적 욕망을 자극하고 선악을 긍정하지도 부정하지도 않는 중립적인 입장에서 그것을 잘 발현시킬 수 있는 심리적 공간을 프로그램적으로 시퀀스가 될 수 있도록 배치함으로써 프로그램의 다양체, 욕망이 흐르는 복합체를 창조할 수 있었다. 그의 건축은 철저하게 뉴욕의 그리드 체계를 순응하면서 인간의 욕망과 창의성을 최대한 발휘할 수 있는 방법론에 집중했고 그것을 실행시키기 위한 건축적 구조어휘를 철저하게 실험했다. 이를 위해 구조적 방법론에 있어서는 러시아 아방가르드의 혁명성과 심리적 퇴폐성을 동시에 추구했다. 또한 하나의 거대 구조 속에 다양한 요소들이 자신의 질서를 잡아나갈 수 있는 매트빌딩의 요소가 드러나는 계획이 있는가하면 그것이 수직적으로 적층되어 표현되는 방식을 선호했다. 다양한 프로그램들의 이질적 병치와 연속적 흐름의 슬래브 등, 전체적인 구조는 도시적 구조에 순응하고 있다. 이들의 건축은 모두가 욕망이 극대화되고 드러나는 가운데 그것이 구축되고 순환되고 홈 패이고 매끄러운 이행의 과정을 통해서 새로운 것으로 분기되는 과정을 그대로 수용한다.

비록 렘 콜하스의 건축이 형태적인 특성으로 볼 때 조그마한 요소들이 모이고 창발되면서 만들어내는 비형식의 질서가 눈에 직접적으로 드러나지 않는다고 하더라도 그의 작업은 충분히 욕망을 발현하는 후기구조주의의 특성을 보여주고 있다. 그의 작업은 하부에서 상부로 이어지는 비선형의 움직임과 이질적 프로그램(요소들)의 병치를 통해 다양한 해석과 움직임, 의미를 창발할 수 있도록 의도되어 있으며 주름이 펼쳐지며 다시 새로운 의미로 생성되고 다시 접히게 하면서 잠재성을 현실화시킬 수 있도록 하기 때문이다. 쿤스탈, 쥬시우 도서관과 파리 국립도서관, 네덜란드 대사관의 경우와 같이 그리드와 기둥의 사이를 넘나드는 다양한 요소들의 관계와 연결동선의 펼쳐짐은 충분히 앞서 언급하고 도해했던 욕망의 카오스 바다위에 떠있는 구조사이를 넘실거리는 욕망이 구조를 넘보고 일부를 파괴시키면서 새롭게 무언가를 생성시키는 작용을 올바르게 건축적으로 현시시키고 있다.

### 7028 들뢰즈의 사유가 왜 건축과 도시 조형관련 분야에서 주목을 받았는가?

전술하였던 바와 같이 들뢰즈의 사유는 '생의 철학'의 계보에 결정적인 영향을 끼쳤던 니체로부터 영향을 받았다. 따라서 그의 사유는 변화, 운동, 인간의 파토스적 특성과 같이 고정적이지 않고 변화무쌍한 것들이 무언가를 만들어 내는 과정에 대해서 중점적으로 사유한 측면이 강하다. 따라서 사유 자체가 예술분야 특히 시각 예술, 조형 예술분야에 많은 영향을 주게 되었다. 들뢰즈 자신이 영화, 회화, 예술에 대한 저서를 계속해서 저술했을 만큼 그의 사유와 예술 및 조형관련 분야는 친밀하다. 들뢰즈의 저서『천개의 고원』텍스트들은 특히 책의 구조와 내용에 있어서 다중심적이고 운동과 변화를 사유하거나 영감을 주는 다양한 수사적 표현들과 예시들이 많아 더욱 예술분야의 사람들이 받아들이기 편한 분위기의 구조로 구성되어 있다. 들뢰즈의 사유는 열린 체계로서 끊임없는 접속을 통해 의미가 생성되고 변화해 나가는 일종의 변화되는 이미지적인 사유체계이다. 다시 말해, 이미지의 사유체계이기 때문에 텍스트를 읽다보면 다양한 시각적 영감을 받을 수 있다. 그러한 점이 조형관련분야에 영향을 주게 되었다.

특히, 밀레니엄을 전후로 하여 범용 개인 컴퓨터의 대량 보급과 3D 툴의 혁명적 변화 패브리케이션 기법의 변화 등으로 말미암아 끊임없는 변곡점과 유동적 디자인의 보편화가 이루어졌다. 이에 따라 오늘날 일련의 프랭크 게리의 작품 군들의 실험만으로도 이미 건축 형태와 관련해서는 인류가 성취할 수 있는 모든 건축적 형태 실험이 끝났다고 해도 과언이 아니다. 다만, 이제 문자 그대로 형태적인 분야에 제기되는 화두는 그것을 보다 쉽고 저렴하고 안전한 방식과 소재로 보편적으로 만들어 낼 수 있는가가 문제로 남아 있을 뿐이다. 실제로 오늘날 다양한 디지털 패브리케이션Digital Fabrication 기법과 알고리즘algorithm의 건축론 및 3D 프린터 기법의 발전으로 인해 소재 및 방법론에 있어서 대중화와 소규모 창업이 가능해지고 있으며, 소재에 있어서도 기존의 어려운 점들을 해결해 나가고 있으므로 들뢰즈 담론의 대중화는 멀지 않은 장래에 일상이 되어 있을 것이다.

도시는 유기체적인 특성, 복합체 특성과 끊임없이 변화하는 특성을 가지고 있다. 도시는 기능에 따라서 담당하는 요소들이 이합집산을 통해 네트워크화, 안정화를 이루고 다시 다양한 외적 변수를 받아들이면서 새로운 이행의 과정을 끊임없이 계속해 나간다. 이에 대한 사례는 달동네가 재건축 단지로 변화되는 젠트리피케이션[38]의 내용 등을 들 수 있다. 도시의 재구조화가 이루어지면서 거시적 시점에서의 다양성을 만족시키지만 동시에 미시적으로는 각 계층의 동질성을 한층 강화하며 더욱 공고하게 자신의 진입장벽을 높이고 감시와 통제를 유연하게 강화하는 포스트모던 도시구조의 변화는 홈패인 것과 매끄러운 것의 상호진행과정에서 자본의 욕망이 투사되어 다시 홈패인 것으로 순환되는 과정과 연계된다.

38) 젠트리피케이션: 중산층 이상의 계층이 취약한 도심을 벗어나 교외에서 살다가 도심 지역의 노후한 주택을 재개발하여 이사 가면서 기존의 저소득층 주민을 대체하며 도심으로 회귀하는 현상을 말한다. 이는 신사 계급을 뜻하는 '젠트리'에서 파생된 의미이며 도심낙후지역이 재개발되면서 원주민을 밀어내고 철옹성과 감시가 강화되는 배타적인 고급형 주거단지로 변화하는 포스트모던시대의 부정적 의미로 많이 쓰이고 있다.

도시는 유기체이고 끊임없이 생성, 변화, 소멸되는 역사를 가져왔다. 들뢰즈 사유는 사실 건축보다는 오히려 도시와 관련하여 설명하는데 더욱 적합한 사유라고 할 수 있다. 건축과 도시 분야를 놓고 보았을 때, 접속의 배치를 통해서 계속적으로 이동하고 변이되는 변화의 사고를 표현할 수 있는 도시계획이 이론적으로 적용하여 설명할 때 더욱 설득력을 가지게 된다. 도시공간구조와 모빌리티 상황은 계속되는 접속사적인 배치를 통해서 새로운 것을 만들어낸다. 도시가 변이되고 분기되고 차이가 생기는 것은 한편으로 홈 패인 것의 상호이행을 통해서 자리바꿈을 하기도 한다. 이를 통해서 일정한 통제성향을 만들어내기도 한다. 그러면서 기득권을 더욱 강화시켜나가는 욕망을 충족시키고 더 확장시킨다. 홈 패인 것과 매끄러운 것의 개념은 상호이행의 과정을 거친다. 홈 패인 것과 매끄러운 것의 차이와 이행관계는 들뢰즈가 말하는 잠재성의 분기과정 및 주름의 펼쳐짐과 겹쳐짐의 관계와 유사하다.

도시 분야에서는 홈 패인 것으로 대표되는 공권력의 규제적 움직임과 그것을 벗어나고자 하는 사적 이익의 영역 내지는 탈주의 영역 등과 사적 이익의 영역에 속한 인원 및 공간에 대한 공고한 통제적 움직임으로부터 탈주한다. 균형을 맞추기 위해 저항하고 타협하고자 하는 시민사회의 공적 움직임의 균형을 이루어 가는 과정은 홈 패인 것과 매끄러운 것의 계속적인 상호이행 과정으로 설명가능하다.

### 7029 무정부적 사이버 문화의 논의와 통제성은 시장의 반전체주의와 어떤 관련을 맺고 있는가?

사이버스페이스라는 용어는 1985년 윌리암 깁슨의 뉴로맨서Neuromancer에서 처음 사용되었다. 기술적 정의에 의하면 사이버스페이스는 가상현실 기법과 네트워크의 결합이 만들어내는 매체 매개적 공간으로 이해할 수 있다.

사이버공간은 이전에 존재하지 않았던 공간이며, 물질 공간과 같이 끊임없이 팽창하고 성장하고 있다.

사이버스페이스는 초기에 저항과 해방의 공간으로 기능했다. 그러나 일상화되고 권력이 작용하면서 쉽게 변질될 수 있는 장이 되기도 한다. 공권력이 작동하여 여론을 호도하고 조작하려는 시도가 펼쳐지는 현실세계에서 사이버스페이스는 우리들의 현실공간, 현실의 실체와 반드시 연관관계가 있으며, 그에 따른 변화가 가속화되고 있는 상태이다. 점차 사이버공간도 더 공고하게 법적규제가 강화되고 있는 추세이다. 초기의 사이버공간은 기존의 권력적인 요소들을 견제하거나 탈영토화될 수 있는 다양한 행위들이 자유롭게 행해지던 공간이었다. 그러나 다른 전자 테크놀로지가 통제되었던 것과 같이 디지털이 오히려 전체주의화와 세련된 통제를 공고하게 하는 데 유효하게 쓰이고 있기도 하다. 오히려 이것을 어떤 면에서 조장하는 공간으로 변질되기도 한다. 사이버스페이스는 현실세계가 변용(현실의 사물을 음미하고 탐구하며 잠재적으로 해결)된 것으로 상호의사소통이 이루어지는 장으로서 역할 한다. 주지하다시피, 기득권은 계속해서 이러한 공간마저도 통제하기 위해 홈을 패는 작업을 수행하려고 한다. 또한 지속적으로 세련된 방법으로 권력게임을 위한 교묘한 여론몰이의 공간이 되기도 한다. 건축이란 저항을 위한 광대한 장, 투쟁, 접합의 장소(들뢰즈와 가타리의 물리적, 공간적 개념)이다. 건축공간은 모든 요소들을 잠재적으로 포함하고 있는 것으로 모든 전문영역과 실천이 존재하며 그 속에서 스스로의 형태를 찾아가는 것으로 생각할 수 있다. 사유와 올바른 실천의 체계를 구조화하는 것이 필요하다. 국가는 항상 경찰이나 군대와 같이 질서를 위해 개인의 자유를 제한하거나 통제할 수 있는 기능(야경국가 기능)과 국민의 생활수준을 향상시키기 위해 이데올로기적으로 국민을 이끌어가는 기능을 상당부분 수행한다. 이른바 수탈과 분배의 기능을 동시에 수행하는 일종의 폭력적 권력

기관이다. 국가를 유지하는 이데올로기는 유지를 위한 기능장치인 학교와 군대, 직장 등의 조직과 가족에서 쉽게 찾아볼 수 있고 이것은 이데올로기가 일상생활에 침투하여 유기적으로 작용하고 작동하게 만든다.
건축공간은 산업이면서 동시에 이데올로기를 교육하고 강제할 수 있는 기능을 하기도 한다. 중세에는 교회가 그러한 역할을 하고 있지만 근대에는 학교, 군대, 박물관, 미술관 등의 공공건물, 혹은 쇼핑몰이 그러한 요소들을 대신하고 있는 경향이 있다. 이에 대해서는 6권에서 현대건축공간이 상업화되고 통제관리가 유연화되는 과정에 대해 살펴보았다. 해체주의 건축은 문화제국주의적 세기말 상황에서 이데올로기적 장치로서 다국적 혹은 초국적상황의 글로벌화의 문화전파자로서의 역할도 동시에 수행했다. 초기의 아방가르드적인 행위는 처음부터 그러한 의도에서 출발했다고 볼 수도 있다.
들뢰즈는 자본주의의 영토화와 재영토화가 진행중인 과정을 사유하며 그것은 전적으로 도시의 변화과정으로 치환된다. 홈 패인 것과 매끄러운 것이 계속해서 이행되면서 새롭게 분기되고 움직이는 동력이 생성된다. 앞서 언급한 바와 같이 홈 패이는 작용은 항상 동일한 것을 복제하고자 하고 통제하고자 하는 욕망을 가지고 있다. 기계들은 계속해서 접속하여 새로운 것으로 분기함으로써 탈영토화를 추구한다. 이러한 상반된 힘들이 후기자본사회를 이끌며 집적시키고 가속화시키는 원동력이 된다. 들뢰즈 사유의 측면에서의 건축디자인과 공간은 끊임없는 전위로서의 역할을 수행해야 한다. 이를 통해 끊임없는 변화와 탈주의 선을 탈 수 있게 된다. 다양체에 해당되는 사유는 시간과 공간의 정량화와 실체화를 동시에 추구하도록 한다. 따라서 일반적인 시각에서 통합되기 힘들 것 같은 시간과 공간의 실체화가 통합적으로 일어날 수 있다.

적정규모의 사람들이 자율적 통제의 체계를 가지는 것이 장기적으로 지역을 활성화하면서 치안에도 도움이 되었다. 주거의 기능뿐만 아니라 기능의 교외화까지 진행된 것이 1980년대 이후의 특징이다. 세계화는 결국 자본 축적 과정의 세계적 재편 또는 세계적 공간조정으로 이해된다. 자본은 좀 더 효율적인 집적을 위해 시간과 공간을 초월한 투자의 공통된 플랫폼과 노동환경을 구축하고자 한다. 이를 통해 손쉽게 투기자본의 이동이 대규모로 빠르게 이동이 가능해졌다. 이런 상황에서 자연스럽게 프롤레타리아 계급으로부터 부의 이동이 빠르게 진행되고 있다. 노동력의 집중과 도시화는 결국 이러한 착취 및 억압구조의 유연화와 교묘한 발전(재영토화)을 이루고 있다. 국가의 통제와 경계까지도 초월하는 플랫폼의 등장을 바라보면서 우리는 자본주의의 역사, 지리를 통해 연속적으로 작동하는 영토화, 탈영토화, 그리고 재영토화의 과정을 이해할 수 있다. 데이비드 하비는 세계화라는 용어를 지리적 불균등발전이라는 용어로 사용한다. 자본의 축적은 항상 근원적으로 지리적인 문제이며, 지리적 확장, 공간적 재구조화 그리고 지리적 불균등 발전이 없었더라면 자본주의는 하나의 정치경제체제로서 그 기능을 유지하지 못했을 것이라고 주장한다.

최근의 건축경향은 근대적 주체와 이성적 폐해를 극복할 수 있는 들뢰즈의 기계의 사유, 즉 기관 없는 신체와 같은 유기체적 흐름의 사유를 중시해왔다. 유기체의 변화에 대한 추상적 은유를 이용하여 변화의 과정과 공간 및 형태가 영향을 받아 니즈에 빠르게 대처하고 최적의 자본 집적이 가능한 구조를 창조적으로 수행해낼 수 있는 능력이 요구되었으며 그것에 대응하기 위한 다양한 방법론들이 실험되었다. 그러나 탈주와는 대립적으로 더욱 유연하게 규제하고 통제하려는 상황이 동시에 건축에 투사되며 투쟁하고 있다는 것이 건축에서 다양한 관점과 작품경향이 생성되는 이유가 되고 있다. 건축분야는 '그 중간적 영역에서 비판과 저항의 요소들로 어떻게 표현하는가?'가 중요한 화두가 될 것이다.

이제 7권의 주제를 정리하며 마무리해야 하는 시점이다.
들뢰즈는 기존의 철학적 사유를 독특한 자신만의 관점으로 재해석하고 새롭게 존재론을 만들어서 생성의 사유를 탐구했다.
데리다와는 달리 들뢰즈는 새로운 생성과 사건에 주목했기 때문에 들뢰즈의 사유는 무언가를 만들어내는 조형과 관련 분야와 매우 궁합이 잘 맞는다고 할 수 있으며 이러한 영역에 많은 영감을 준다. 또한 디지털 툴의 획기적 변화와 발전으로 인해 이러한 표현 및 제작이 이전시대보다 혁명적으로 용이해진 환경으로 변모함으로써 시대적 상황이 되고 있다. 그러나 들뢰즈 사유의 핵심은 기존의 이분법적 사유로는 말하기 힘든 생성과 차이를 만들어내기 위해 접속되고 분기되는 창조적 탈주적 선을 강조하고 계속해서 탈주할 것을 요청한다. 그것이 계속되는 홈 패이는 것과 매끄러운 것과의 이행관계라 하더라도 그것이 후기자본주의의 거대한 내러티브의 일부라고 하더라도 계속해서 탈주하는 것이야말로 결국은 해방의 전술 전략이 될 것이기 때문이다. 건축가 역시 계속해서 탈주하는 금욕적 고행을 통해 새로운 분기와 차이를 만들어갈 수 있는 건축문화를 생성시켜 내야 한다.

## 찾아보기

## 그림출처


Lars Spuybroek, NOX machining architecture, Thames&Hudson, p.32, 33, 43, 111, 126, 139, 140, 272

DAMDI, Love it, Live it, DAMDI, 2004, p.11, 39, 85

DAMDI, Activity Diagram, DAMDI, 200987, p.246, 248, 249, 274, 281, 285, 296

Andrew Moore, 건축의 컬러, 임기택 역, Spacetime, 2008, p.18, 56

DAMDI, Program Diagrams, DAMDI, 2011, p.404-407, 268

FOA, Phylogenesis, foa's ark, Actar, 2004, 597, 604, 609, 615, 683

Rem Koolhaas, S,M,L,XL, 010publisher, 1994 p.19, 23, 29,30


## 참고문헌

### 국내 단행본

**1. 건축 부문**


김원갑, 렘 콜하스의 건축: 제2기계시대 현대성의 건축적 구현, 시공문화사, 2008

김원갑, 메트로폴리스, 열린책들, 2002

김원갑, 13개 고원 위의 건축과 음악, 시공문화사, 2010

김원갑, 광기와 밀집문화의 건축, 세진사, 2001

담디, PROGRAM DIAGRAMS, 담디, 2011

담디, MOBILE ARCHITECTURE, 담디, 2011

담디, Love it. Live it, 유엔스튜디오, 담디, 2004

담디, PROCESS 세트, 담디, 2013

담디, DIDI 세트: DESIGN IDEA DICTIONARY, 담디, 2013

라파엘 모네오, 라파엘 모네오가 말하는 8인의 현대 건축가, 임기택 외 3인 역, 공간사, 2008

렘 콜하스, 정신착란병의 뉴욕, 김원갑 역, 태림문화사, 1987

리차드 코인, 건축가를 위한 데리다, 임기택 역, Spacetime, 2013

마이클 헤이펀, 1968년 이후의 건축이론, 봉일범 역, spacetime, 2003

배형민, 포트폴리오와 다이어그램, 박정현 역, 동녘, 2013

봉일범, 잠재성의 차원, Spacetime, 2005

봉일범, 프로그램 다이어그램, Spacetime, 2005

샌포드 크윈터, 렘 콜하스: 학생들과의 대화, MGH Publications, 2000

소피아 비조비티, 폴딩 아키텍처: 공간적, 구조적, 조직적 다이어그램, 한영호 역, 기문당, 2009

스콧 크리스찬슨, 세상을 훔친 지식 설계도, 다이어그램: 동굴 벽화에서 아이팟에 이르는 이미지 혁명, 이섬민 역, 다빈치, 2013

양동근, 현대건축론, 기문당, 1995

앤드류 무어, 건축의 컬러, 임기택 역, Spacetime, 2009

유자와 마사노부, 바로크 건축: 무한을 향한 건축적 드라마, 류상보 역, 르네상스, 2005

임기택 외, 건축공간론, 공저, 기문당, 2010

장윤규, 복합체compound body, 시공문화사, 2005

제니퍼 블루머, 건축과 텍스트: 조이스와 피라네지의 각본, 임기택 역, Spacetime, 2006

최윤경, 사회와 건축공간, Spacetime, 2003

케이트 네스빗, 건축이론1, 2, 3, 최학종 역, Spacetime, 2005

토마스 마르쿠스, 권력과 건축공간, 유우상 외 역, Spacetime, 2006

편집부, ANYWAY, 서울: CA press, 1997

편집부, ANYWHERE, 서울: CA press, 1997

편집부, ANYPLACE, 서울: CA press, 1999

코야마, 건축의장 12강, 김광현 역, 국제, 2008

ARCHIWORLD 편집부, DIGITAL DIAGRAM 2 : Architecture + Interior, ARCHIWORLD, 2008

ifengspace editorial team, Creative Diagram in Architecture 생각하는 건축, MGH Publications, 2013

Ton Verstegen, 건축의 향성과 흐름, 은유적 활성화와 건축, 김원갑 역, Spacetime, 2005

William J. R. Curtis, 1900년 이후의 근대건축, 강병근 역, 화영사, 1993

保坂陽一郎, 경계의 형태 그 건축적 구조, 이진민 역, 한국산업훈련연구소, 1999

**2. 도시 부문**

데이비드 하비, 자본의 한계, 최병두 역, 한울, 1995

에드워드 소자, 공간과 비판사회이론, 이무용 외 역, 시각과 언어, 1997

이규목, 도시와 상징, 일지사, 1988

조명래, 포스트포디즘과 현대사회 위기, 다락방, 1999

조명래, 현대사회의 도시론, 한울아카데미, 2002

존 레니에 쇼트, 문화와 권력으로 본 도시탐구, 이현욱 외 역, 한울아카데미, 2001

최병두, 근대적 공간의 한계, 삼인, 2002

피터 손더스, 도시와 사회이론, 한울아카데미, 1997

한국공간환경학회, 현대도시이론의 전환, 한울아카데미, 2001

3. 철학 부문

다리안 리더, 라캉, 김영사, 1995

데이비드 하비, 포스트모더니티의 조건, 구동회, 박영민 역, 한울, 1994

데이비드 노먼 로도윅, 질 들뢰즈의 시간기계, 김지훈 역, 그린비, 2005

데이비드 흄, 오성에 관하여 - 인간 본성에 관한 논고 1, 이준호 역, 서광사, 1994

데이비드 흄, 인간의 이해력에 관한 탐구, 김혜숙 역, 지만지, 2012

라이프니츠, 모나드론 외, 배선복 역, 책세상, 2007

라이프니츠, 변신론: 신의 선, 인간의 자유, 악의 기원에 관하여, 이근세 역, 아카넷, 2014

라이프니츠, 형이상학 논고, 윤선구 역, 아카넷, 2010

로날드 칠코트, 포스트맑스주의, 이경숙 전효관 역, 민맥, 1992

미쉘 푸코, 감시와 처벌, 박홍규 역, 강원대 출판부, 1989

미쉘 푸코. 니체, 계보학, 역사, 이광래 역, 민음사, 1990

미쉘 푸코, 지식의 고고학, 이정우 역, 민음사, 1992

미쉘 푸코, 담론의 질서, 이정우 역, 새길, 1993

미쉘 푸코, 광기의 역사, 김부용 역, 인간사랑, 1991

미쉘 푸코, 성의 역사1, 2, 3, 이규현 역, 나남, 1990

박영욱, 데리다 & 들뢰즈: 의미와 무의미의 경계에서, 김영사, 2009

발터 벤야민, 발터 벤야민의 문예이론, 심성완 편역, 민음사, 1994

아르노 빌라니,로베르 싸소, 들뢰즈 개념어 사전, 신지영 역, 갈무리, 2012

알랭 바디우, 들뢰즈–존재의 함성, 박정태 역,이학사, 2001

이정우, 개념-뿌리들: 라이프니츠와 현대, 그린비, 2012

이정우, 접힘과 펼쳐짐: 라이프니츠와 현대, 그린비, 2012 아르노 빌라니, 로베르 싸소, 들뢰즈 개념어 사전, 신지영 역, 갈무리, 2012

알랭 바디우, 들뢰즈-존재의 함성, 박정태 역, 이학사, 2001

이정우, 개념-뿌리들: 라이프니츠와 현대, 그린비, 2012

이정우, 접힘과 펼쳐짐 : 라이프니츠와 현대, 그린비, 2012

앙리 베르그송, 물질과 기억, 박종원 역, 아카넷, 2005

앙리 베르그송, 창조적 진화, 황수영 역, 아카넷, 2005

앙리 베르그송, 도덕과 종교의 두 원천, 김재희 역, 지만지, 2009

이정우, 사건의 철학, 철학아카데미, 2002

이정우, 접힘과 펼쳐짐, 철학아카데미, 2000

이정우, 주름, 갈래, 울림, 철학아카데미, 2001

이진경, 근대적 시, 공간의 탄생, 푸른숲, 1997,

이진경, 근대적 시선의 체제와 주체화 (근대성의 경계를 찾아서), 새길, 2002

이진경, 노마디즘 1, 2, Humanist, 2003

이진경, 맑스주의와 근대성: 주체 생산의 역사 이론을 위하여, 그린비, 2014

이진경, 불온한 것들의 존재론, 휴머니스트, 2011

이진경, 역사의 공간, 휴머니스트, 2010

이진경, 철학과 굴뚝 청소부, 새길, 1994

이진경, 철학의 외부, 그린비, 2006

이진경, 코뮨주의: 공동성과 평등성의 존재론, 그린비, 2010

이진경, 필로 시네마: 탈주의 철학에 대한 10편의 영화, 그린비, 2008

서동욱, 들뢰즈의 철학, 민음사, 2002

스피노자, 에티카, 강영계 역, 서광사, 2007

스피노자, 정치론, 황태연 역, 비홍, 2013

슬라보예 지젝, 신체 없는 기관 : 들뢰즈와 결과들, 김지훈,박제철,이성민 공역, 도서출판비, 2006

자크 데리다, 그라마톨로지, 김성도 역, 민음사, 1996

장시기, 노자와 들뢰즈의 노마돌로지, 당대, 2005

장 프랑소아 료타르, 포스트모던적 조건, 이현복 역, 서광사, 1992

조성훈, 들뢰즈의 씨네마톨로지, 갈무리, 2012

조성훈, 들뢰즈의 잠재론: 소멸과 창조의 형이상학, 갈무리, 2010

조르쥬 바타이유, 에로티즘, 조한경 역, 민음사, 1989

질 들뢰즈, 펠릭스 가타리 저, 천개의 고원, 김재인 역, 새물결, 2001

질 들뢰즈, 니체 철학의 주사위, 신범순, 조용복 역, 인간사랑, 1993

질 들뢰즈, 주름: 라이프니츠와 바로크, 이찬웅 역, 문학과지성사, 2004

질 들뢰즈, 감각의 논리, 하태환 역, 민음사, 2008

질 들뢰즈, 니체와 철학, 이경신 역, 민음사, 2001

질 들뢰즈, 들뢰즈의 니체, 박찬국 역, 철학과현실사, 2007

질 들뢰즈, 베르그송주의, 김재인 역, 문학과지성사, 1996

질 들뢰즈, 시네마 1: 운동-이미지, 유진상 역, 시각과언어, 2002

질 들뢰즈, 스피노자의 철학, 박기순 역, 민음사, 2001

질 들뢰즈, 의미의 논리, 한길사, 1999

질 들뢰즈, 푸코, 권영숙,조형근 공역, 새길, 2012

질 들뢰즈, 칸트의 비판철학, 서동욱 역, 민음사, 2006

최진석, 생각하는 힘, 노자 인문학: EBS인문학 특강, 위즈덤하우스, 2015

최진석, 인간이 그리는 무늬, 소나무, 2013

프레드릭 제임슨, 포스트모더니즘-후기자본주의 문화논리, 정정호 편, 문화과학사, 1989

프리드리히 니체, 도덕에의 계보, 청하, 1988

프리드리히 니체, 권력에의 의지, 청하, 1988

프리드리히 니체, 도덕의 계보학: 하나의 논박서, 홍성광 저, 연암서가, 2011

프리드리히 니체, 비극의 탄생, 김남우 역, 열린책들, 2014

프리드리히 니체, 선악의 저편, 도덕의 계보, 김정현 역, 책세상, 2002

프리드리히 니체, 인간적인 너무나 인간적인, 강두식, 동서문화사, 2007

프리드리히 니체, 차라투스트라는 이렇게 말했다, 장희창 역, 민음사, 2004

테렌스 호옥스, 구조주의와 기호학, 오원교 역, 신아사, 1982

할 포스터, 반미학, 윤호병 역, 현대미학사, 1993

Andrew Ballantyne, 건축과 철학 들뢰즈와 가타리, 장정제, 송규만 공역, 시공문화사, 2010

**4. 기타 부문**
강내희, 공간, 육체, 권력, 문화과학사, 1995,

시오자와 요시노리, 왜 복잡계 경제학인가, 임채성 역, 푸른길, 1999

유동운, 경제진화론, 선학사, 2000

유동운, 경제본능론, 북코리아, 2002

이영희, 포드주의와 포스트포드주의, 한울, 1994

이시형, 공부하는 독종이 살아남는다, 중앙북스, 2009

칼 맑스, 자본론 1권, 김영민 역, 이론과 실천, 1987

大垢保孝, Shopping Mall Development & Case Study, Diamnond Consulting Co, 2005

**외국단행본**
Agger, Ben, Cultural Studies as Critical Theory, London: Falmer Press, 1992

Baudrillard Jean, For a Critique of the Political Economy of the Sign, St. Louis: Telos Press, 1981

Ben van Berkel and Caroline Bos, MOVE, Rotterdam: Publisher UN Studio & Goose Press, 1999

Benjamin, W. The arcades project. Ed. Rolf Tiedemann, trans. Howard Eiland and Kevin McLaughlin. Cambridge, MA: Harvard University Press, 1999

Best, Steven & Douglas Kellner, Postmodern Theory, London: MacMillan, 1991

Charles Jencks, New Pardigm in Architecture, MIT Press, 2003

Cohen, L. A consumers' republic: The politics of mass consumption in postwar America. New York: Knopf, 2003

David Grahame Shane, Recombinant Urbanism, Wiley, 2005

David Gosling, the Evolution of American Urban Design, 2003

Electra Mikelides, Valentina Sabateli and Delphine Ammann, Animation in Architecture, London, 2002

Greg Lynn, Animated Form, New York: Princeton Architectural Press, 1999

Isenstadt, S. Richard Neutra and the psychology of architectural consumption. In Anxious modernisms: Experimentation in postwar architectural culture, 2000

Maia Engeli(ed.), Bits and Spaces: CAAD for Physical, Virtual and Hybrid Architecture at ETH Zurich, Basel: Birkhauser Architectural Press, 2001

Manfredo Tafuri, The Sphere and the Labyrinth translated by Pellegrino d'Acierno and Robert Connolly, MIT, 1987

Manfredo Tafuri, Theories and History of Architecture, New York, 1978

Noberg-Schulz, C., Baroque Architecture, Rizzoli International Publication, 1971

OMA@work 1972-2000, Gingko Press, 2000

Ven Van Berkle, Love it. Live it_UN Studio, DAMDI, 2004

Rem Koolhaas and Bruce Mau, S,M,L,XL, New York Press, 1995

Rem Koolhaas, Mutation, Actar, 2002

Rem Koolhaas, S,M,L,XL: Small, Medium, Large, Extra-Large, Monacelli Press, 1998

Rem Koolhaas, Project on the City, Taschen, 2003

Rem Koolhaas, Delirious New York : A Retroactive Manifesto for Manhattan, Monacelli Press, 1994

Rob Shields, Places on the Margin, London and New York, 1991

William J. Mitchell, City of Bits: Space, Place and the Infobahn, Cambridge: MIT Press, 1999

William J. Mitchell,e-Topia, Cambridge: MIT Press, 1999.

山口勝弘, 環境藝術家, Kiesler, 美術出版社, 1968

**국내 학위논문**

이영수, 건축 구성형식의 변화와 특성에 관한 연구, 홍익대 박론, 1992

박항섭, 한국 현대건축의 양태와 표현특성에 관한 연구, 홍익대 박론, 1997

김원갑, 현대건축디자인에 미친 아방가르드 이론과 과학패러다임의 영향에 관한 연구, 홍익대, 박논, 1991

박태호, 서구의 근대적 주거공간에 관한 공간 사회학적 연구, 서울대 박론, 1998

이철재, 디지털리즘의 인식론적 공간구성 해석, 이철재, 홍익대 박론, 2003

이무용, 장소마케팅 전략에 관한 문화정치론적 연구, 서울대 박론, 2003

장정제, 건축언어에 의한 의미구조와 가치구조에 관한 연구, 홍익대 박론, 2005

김상돈, 디지털 건축의 구성적 특징 및 적용방식에 관한 연구, 영남대 석논, 2001

김상원, 디지털화된 건축디자인의 표현적 특성에 관한 연구, 한양대 석논, 2002

김현아, 건축 디자인 매체로서의 다이어그램에 관한 연구, 서울대 석논, 2001

류무열, 디지털 건축의 시간 기반 프로세스에 관한 연구, 서울대 석논, 2002

박정대, 현대건축에 나타난 비선형 현상에 관한 연구, 서울대 석논, 1997

장성상, 매듭의 건축적 변용을 통한 커뮤니케이션 센터 계획안: 건축의 은유적인 방법의 적용을 통하여, 경기대 석논, 2001

최교식, 현대건축의 프로그램 해석에 관한 연구, 서울대 석논, 2001

허재승, 디지털 건축에서의 공간 디자인적 특성, 단국대 석논, 2002

한선정, 해체주의 이후 아방가르드 건축의 특성과 성격 규명에 관한 연구, 서울대 석논, 1999

**학회 논문**

강정구, 김은희, 정진원, 엔터테인먼트 요소 구분을 통한 도심 엔터테인먼트 상업시설의 공간구성에 관한 기초연구, 건축학회지 22권 10호(통권216호), 2006

김정미, 비선형 패러다임과 디지털 건축, 건축학회지 제 45권 9호 (통권 268호)

김형준, 대한건축학회논문집, 19권 8호, 통권 178호, 2003

오덕성, 독일 복합용도 Complex의 계획방향에 관한 연구, 대한건축학회논문집, 6권 4호,

(통권 30호), 1990

정철희, 포스트맑스주의와 한국사회연구, 후기사회학대회 발표논문, 1996

현대철학과 건축이론 시리즈7
Philosophy and Architecture Series

생성의 철학과 건축이론

1판 1쇄 2016년 1월 20일

저자. 임기택(ktarchitect@pknu.ac.kr)

발행인. 김기현
발행처. 시공문화사(Spacetime)
디자인. 이문형

등록. 1993년 3월 12일
주소. 서울시 서대문구 독립문공원길13 극동프라자 5층(03733)
전화. 02)3147-1212, 2323
전송. 02)3147-2626

www.spacetime.co.kr, spacetime@korea.com
ISBN 978-89-5592-342-1 93540